自然科学新启发丛书

zirankexuexinqifacongshu

主　编　姚宝骏　郭启祥

本册主编　郭启祥

和谐的家园

hexie de jiayuan

百花洲文艺出版社

BAIHUAZHOU LITERATURE AND ART PRESS

致同学们

亲爱的同学们：

人类和其他生物共同生活在这个地球上，生态学家们又把我们生活着的环境称为生物圈。生物圈就是我们人类和其他所有生物共同的家园。

不管是小到用肉眼看不到的微生物，还是重达百吨的蓝鲸，乃至自称万物之灵的我们人类都是这个大家庭中的一员，大家庭中的所有成员都有着重要的作用，缺一不可。在第一章中，我们主要介绍生物圈中的各个成员，看看它们都有哪些不为人知的趣事。

我们的大家庭是一个充满神秘色彩的大自然，其中有人烟罕见、大多数的植物和动物都不能生存的"生命禁区"，还有一派欣欣向荣景象的生物天堂。魅力十足的大自然等着你。在第二章中，牛牛将带你去领略家园的魅力。

我们的大自然中，有着许许多多的生物，它们都是受到环境的影响，同时也深深地影响着环境。在第三章中，我们就将去认识这些形形色色的生物。

随着人类科技的进步和发展，我们赖以生存的环境却一点一点地被破坏了。在第四章中，牛牛将领着大家去看看那些被人们破坏得满目疮痍的角落。保护好我们赖以生存的家园是我们每一个地球人应尽的责任。牛牛希望同学们都能为保护我们的地球做出自己的贡献，一个人的力量虽然微小，但是，如果大家都行动起来，那我们的家园肯定能变得更美好。

你们的同学：牛牛

目录
mulu

第一章　家园的成员

　　我们生活在这个美丽的地球上，地球就是我们的家园。但是，同学们知道吗？在生态学家的眼里，地球上生物可以生存的水、陆地和大气对流层空间又被看作是生物圈。生物圈是我们人类和所有生物赖以生存的家园。

　　但是，同学们知道我们赖以生存的大家园是由什么组成的吗？在这一章中，牛牛就将告诉你，在我们美丽的家园上，有哪些伙伴。赶紧跟上牛牛的脚步开始我们快乐的科学之旅吧。

牛牛大讲堂

共同的家园

　　所有的生物都生活在一个共同的家园中，这就是生物圈，每一种生物都在生物圈中和其他生物和无机环境有着千丝万缕的联系。

　　那么什么是生物圈呢？生物圈是最大的生态系统，它

包括大气圈的底部、水圈的大部和岩石圈的表面，生物圈的厚度大约为20千米，如果我们把地球比作是一个大西瓜的话，那么生物圈就可以比作是包在西瓜外面的一层薄薄的"纸"。不管是小到用肉眼看不见的微生物，还是我们人类都只能生活在这张薄薄的"纸"上，而在地球这个"大西瓜"的内部是不可能会有生物存在的。一旦这张薄薄的"纸"出现了什么问题，那我们所有的生物都将难以生存。在原始社会，由于人们的生产力水平低下，对生物圈的影响很小，但是随着社会的发展和科学的进步，生产力水平大大提高，人类需要从生物圈获取的物质越来越多，生物圈也不堪重负，各种严重的环境污染和生态破坏也随之出现。当今，保护我们的共同家园——生物圈是我们面临的最为紧迫的问题。

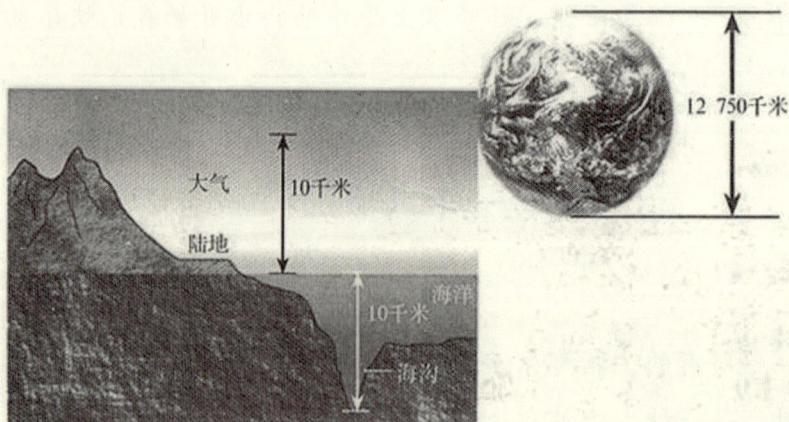

大气
10千米
陆地
海洋
10千米
海沟
12 750千米

生物圈的范围

生物圈为地球上生物的生存提供了基本的条件，比如说，植物所需要的阳光、空气、水、营养物质、适宜的温度和一定的生存空间。动物呼吸所需要的氧气，生存所需要的水和丰富的食物，每一样都需要从生物圈中获得。为什么月球上没有生物呢？就是因为月球不能提供生物生存所必需的基本条件。到目前为止，科学家们还没有找到其他适宜人类和其他生物生存的星球。生物圈是人类唯一的、适宜生活的家。我们只有保护好了共同的家园，和其他生物和谐相处，才能在地球上更好地生存下去。

生态系统的组成

闭上眼睛想想，一天清晨，阳光斜着照进树林，你置身于一片树林之中，坐在软软的草地上，听到远远近近的虫鸣和鸟叫，微风吹过脸庞，吹动着大树沙沙作响，远处传来潺潺的流水声。

你有没有一种心旷神怡的感觉？对！这就是大自然的魅力，大自然总是这么让人着迷。在这片美丽的树林里，不仅仅有树、草、虫、鸟、流水、阳光，还有一些我们看不见的微生物。像这样在一定的区域内，生物和环境所形成的一个统一整体就是一个生态系统。这片树林就是一个生态系统。生态系统包括生物和环境。其中生物根据其功能又分为生产者、消费者和分解者。正是因为生态系统的这些成分，才使得生态系统正常运作。

环境就是指非生命的物质，比如阳光、水、温度、土

壤等等。这些都为生物的生存提供了基本条件。如果没有基本条件，生物将无法正常生活，也就不可能有五彩缤纷的大自然。

生产者是指绿色植物和一些能将无机物转化为有机物的藻类和细菌。它们通过光合作用将太阳能转化为化学能，将环境中的无机物转化为有机物，不但养活了自己，还为动物的生存提供了食物。绿色植物就像机器一样不断地生产出我们生存所需要的"产品"。因此，我们把绿色植物叫做生态系统中的生产者。生产者对整个生态系统来说是非常重要的，它能够将其他生物无法利用的太阳能转化为有机物，成为其他生物和人类食物和能量的来源。

消费者不能利用太阳能和无机物制造有机物，而必须消耗生产者所制造的有机物。草食动物是以植物为食物的，被称为一级消费者，像兔子、蚱蜢；而像蛇、青蛙这样以食草动物为食的，被称为二级消费者；以蛇、青蛙为食的食肉动物，被称为三级消费者。消费者对生态系统起着控制作用，它可以防止生产者和其他生物的过度生长。

分解者被称为生态系统的"清洁工"，它可以将植物的落叶、枯枝，动物的尸体、粪便分解成简单的无机物，归还环境。试想一下，如果没有分解者，那么我们的大自然就没有那么干净了，我们会看到到处都是动物的尸体和粪便，而且营养物质都会在死亡的有机体中沉积，就不能使营养物质在生物与环境中循环利用了。分解者主要是小

分解者，比如，细菌和真菌。但是也包括大分解者，像蚯蚓、白蚁、秃鹫等。

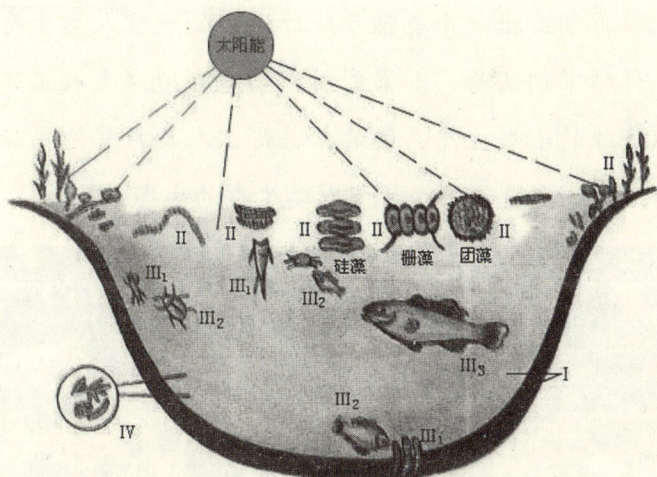

（Ⅰ.非生物的物质 Ⅱ.生产者 Ⅲ.消费者 Ⅳ.分解者）

生态系统的组成

生态系统中的各成员都是有明确分工的。环境为生物生存提供条件；生产者为消费者和分解者提供食物和能量；消费者控制生产者的生长和繁殖，确保环境能承受得了；分解者把生产者和消费者的残体和废物分解成无机物，供生产者再次利用。正是因为它们团结协作才使得我们的大自然如此美丽。无机环境、生产者、消费者、分解者，四者缺一不可，缺少了任何一个都会导致生态平衡的失调、地球的毁灭、人类的灭亡。

人造地球——生物圈II号

自古以来，人类都梦想着能够上天，离开地球。随着现

在自然环境的不断恶化，人类的这种愿望就更加强烈了。但是，地球之外还有没有适宜人类生存的地方呢？或者人类能不能够再创造出一个类似于地球这样的适宜人类生存的地方呢？科学家们认为，如果能够成功地在地球上人工建造一个类似地球的小型生态系统的话，那么人类在其他星球上就可以模拟地球建造一个个适宜人类生存的生态系统。

"生物圈Ⅱ号"全景图

在20世纪80年代，爱德华·P.巴斯和其他的科学家在美国的亚利桑那州图森市北部的沙漠上模拟地球的生态系统建造了一个封闭的实验场。为了和地球生物圈加以区别，人们称它为"生物圈Ⅱ号"。"生物圈Ⅱ号"占地约为1.3万平方米，大约有8层楼高，它是由8万根白漆柱和6千块玻璃建成的巨大的圆顶密封钢架结构建筑物。按照设计，"生物圈Ⅱ号"与外界隔绝，在建筑物里面有微型的森林、河流、海洋、沙漠、雨林、人类居住区，是一个独立的小生

态系统。另外，科学家们在"生物圈II号"内可以通过电信和计算机与外界取得联系。相比生物圈而言，"生物圈II号"可谓是"麻雀虽小，五脏俱全"。

1993年1月，8名科学家正式进入了"生物圈II号"，他们预期是在里面待两年的，靠吃自己生产的粮食，呼吸植物光合作用释放的氧气，喝生态系统自身净化的水。科学家们设法维持住生态系统的相对稳定状态，确保人与其他生物共同生存。一切看起来都是天衣无缝了，但是，在18个月后，各种问题接踵而来，"生物圈II号"整个系统开始出现严重的失调。氧气的浓度从21%降低到14%，只有从外界输入氧气才能勉强维持研究者呼吸所需。除此之外，原有的25种小动物，19种灭绝。大部分的脊椎动物死亡，传粉的昆虫全部死亡，植物无法传粉，无法繁殖。粮食减产严重，大气和海水变酸。"生物圈II号"内的空气质量严重恶化，直接影响科学家们的健康，最终不得不提前撤出，"生物圈II号"的实验也以失败而告终。

后来的研究表明，"生物圈II号"内的氧气主要是被土壤中的微生物消耗掉了，细菌在分解土壤中有机物的同时消耗了大量的氧气，并且排放出大量的二氧化碳。而释放出来的二氧化碳又被建筑物基部的混凝土所吸收，从而导致了环境中的氧气含量减少，打破了循环。

"生物圈II号"失败之后并不是就无用武之地了。1995年，"生物圈II号"的管理权转让给了哥伦比亚大学。1996

年1月1日，哥伦比亚大学接管了"生物圈II号"，9月，科学家们总结时说，"人类目前还无法模拟出一个类似地球一样的、可供人类生存的环境"。现在的"生物圈II号"成为了亚利桑那州沙漠上的一道亮丽的风景。每年来此旅游的人络绎不绝，你可以来此参观"生物圈II号"内外的各种设施。

"生物圈II号"的失败告诉我们：地球是经过几亿年的不断演变才形成的，人类试图通过简单的人工模仿再造地球是行不通的，地球是人类唯一的家园，只有善待地球、保护地球才是我们的长久之计。

自然界中有杆"秤"

有首歌唱到："天地之间有杆秤……"对，天地之间确实有杆"秤"，正是因为有了这杆"秤"，我们的大自然才会一直焕发着它的魅力，才能维持着我们生存环境的平衡，即生态平衡。下面牛牛就带你去看看吧。

大自然的形成经历了上亿年的时间，大自然的生物之间，生物与环境之间都能有效地配合起来，共同维持着生态平衡。生态平衡就像大自然中的一杆"秤"，只有"秤"平衡了，我们的环境才是美好的。生态系统处于平衡状态时，系统内生物种类的组成、生物数量等保持一定的比例关系。比如说，在一个池塘里面，鱼要以浮游动植物为食，鱼死后，会被水里的微生物分解成有机物或无机物，这些物质又会作为浮游动植物的食物，浮游动物靠浮

游植物为生，鱼又吃浮游动物。这样不断地循环着，就建立了一个生态平衡。

当受到外界干扰的时候，生态系统就能够通过自身的调节能力恢复到原来的稳定状态。比如说，大草原上，当雨量充沛、气候比较适宜的时候，草就会迅速地成长，变得非常茂盛。由于有了充足的食物，牛羊的繁殖和生长速度也加快了。但是牛羊的数量是不会无限制地增长下去的。这就要靠生态系统的调节能力啦。当草原上的草减少到一定程度时，牛羊的数量就会减少，使得草的数量和牛羊的数量达到一种平衡状态。生态系统的调节能力是有限的，不能超过生态系统的承受范围。如果人为的大量放养牛羊，就会使得草原被破坏，可能出现土地沙漠化的现象。

在一般情况下，生态系统内部的物种越丰富，食物网就越复杂，如果某一环节出现了问题，就可以通过其他的渠道来补偿，就像是老鹰以兔子、老鼠、青蛙等为食物，当兔子的数量大量减少的时候，老鹰就会通过吃老鼠、青蛙来补偿。但是，一旦像这样物种丰富的生态系统被破坏了，就难以恢复到原来的样子了。假如老鹰吃的食物都大量减少了，那么老鹰自然也会死亡，整个生态系统都会崩溃，要再想恢复到原来物种丰富的状态就是难上加难的事情了。

所以，保持生态系统的平衡是非常重要的，我们要尽量保持"秤"的平衡。一旦这种生态系统被破坏了，就会对大自然产生严重的危害，我们人类在自然中也将难以生存。

牛牛趣味集

蜜蜂大揭秘

蜜蜂

蜜蜂是很常见的一种昆虫，春天在花丛中，可以看到这些小精灵们在勤劳地采蜜，欢快地舞蹈。其实啊，蜜蜂可远远没有我们想象的那么简单哦。下面我们跟着牛牛一起来看看吧。

蜜蜂是一种群居动物，蜜蜂群体中有三种类型的蜜蜂：蜂王、工蜂和雄蜂。其中，蜂王和工蜂都是由受精卵发育而来的，而雄蜂是由没有受精的卵细胞发育而来的。蜂王是整个蜂巢的统治者，主要任务是产卵，产下的受精卵会发育成为雌蜂；产下的未受精的卵会发育成为雄蜂。另外它还会分泌某种激素抑制工蜂的卵巢发育，并且影响蜂巢内工蜂的行为。雄蜂的主要任务是和蜂王交配繁殖后代，交配后会因为生殖器留在蜂王体内而死亡。工蜂基本上要干蜂巢内的各种工作，主要有筑巢、采集食物、哺育幼虫、清理巢穴、保巢攻敌等。

蜜蜂筑巢一般选择在植物的盛花期，筑的巢也各有区别，有的是用土筑巢，有的是用植物组织筑巢。每个巢的门

口都会有担当守卫的蜜蜂把守，为了防御外群蜜蜂或其他昆虫和动物，蜜蜂形成了守卫蜂巢的能力。螫针是蜜蜂的主要自卫器官。它们根据气味来识别外群来的蜜蜂，外群的蜜蜂是不能随便窜入巢中的。在缺少蜜源的时候，经常会有外群的蜜蜂潜入蜂巢中偷蜜，此时守卫蜂就会立即与它们搏斗起来。但是，在蜂巢外面，比如在花丛中或饮水处，各自不同群的蜜蜂还是相安无事，井水不犯河水的。

从春季到秋季，在植物开花的季节，都能看到蜜蜂勤劳的身影。蜜蜂堪称是"最勤劳的动物"。到了冬天，蜜蜂也停下来休息了。但是，寒冬却是很难熬的，但这难不倒聪明的蜜蜂精灵。它们自然有妙招应付这个问题，它们会相互聚拢，结成球团，温度越低结团越紧。根据科学测量，球团内的温度可以维持在24℃左右呢。同时，它们还通过吃蜂蜜，多做运动来增加温度。可想而知，球团中间的温度是最高的，外围的温度更低。因此，外围的蜜蜂向里面钻，而内部的蜜蜂向外转移。它们就是这样相互照顾着度过严冬的。

在蜜蜂的社会生活中，大批工蜂出巢采蜜前会先派出"侦察蜂"去寻找蜜源。侦察蜂找到距蜂箱100米以内的蜜源时，即回巢报信，它们报信的方式很特殊，是通过跳舞来报信的。它们在蜂巢上交替性地向左或向右转着小圆圈，以"圆舞"的方式爬行。如果蜜源在距蜂箱百米以外，侦察蜂便改变舞姿，呈"∞"字，所以也叫"8字舞"

或"摆尾舞"。如果将全部爬行路线相连，直线爬行的时间越长，表示距离蜜源越远。直线爬行持续1秒钟，表示距离蜜源约500米；持续2秒，则约1000米。侦察蜂跳的"摆尾舞"，不但可以表示距离蜜源的远近，也起着指定方向的作用。蜜源的方向是靠跳"摆尾舞"时的中轴线在蜂巢中形成的角度来表示的。但是，如遇阴雨天，利用舞蹈定位的方法就有点失灵。它们还有别的妙招呢，它们依靠天空反射的偏振光束来确定方位，及时回巢。它们利用头上颤抖的触角抚摸工蜂身体时，使"舞蹈语言"转换成"接触语言"而获得信息。这种传递方法，有时也会失灵。为此它们还要利用翅的不断振动发出不同频率的"嗡嗡"声，用来补充"舞蹈语言"的不足和加强语气的表达能力。

蜜蜂对植物的授粉具有重要的作用，如果没有了蜜蜂的传粉，肯定会对一些植物的繁衍造成严重的影响。保护好生物圈中的任何一种生物都是必要的，人类作为生物圈的一部分，应该利用自己的力量让自然变得更和谐。

狗的那些不为人知的秘密

大家是不是都很喜欢可爱的小狗狗呢？没错，牛牛也很喜欢。当你了解狗狗们的这些生活小秘密的时候，你会觉得小狗们更可爱了。废话不多说了，下面我们就来看看狗狗们的小秘密吧。

狗具有领地意识，也就是说它自己占有的范围是不允

许其他动物侵入的。它们利用肛门腺分泌物使粪便具有的特殊气味、趾间汗腺分泌的汗液和用后肢在地上抓画，作为领地记号，告诉其他动物这

可爱的小狗

是它的领地，做了记号的地方其他狗是不会随意进入的。

狗有很强的嫉妒心，如果你把注意力放在其他的狗狗身上，而把它冷落了的话，它就会嫉妒的哦，会撒娇，变得暴躁抓狂。

狗还有虚荣心，喜欢人们赞扬它，喜欢戴高帽子呢。当它做了一件了不起的事，你拍手赞扬或抚摸它，它就会非常心满意足，沾沾自喜。但是如果它做了什么错事的话，就会很自觉地躲起来，直到肚子饿了才出来。

狗在生病的时候会自己避开人类和其他狗，独自躲起来，去康复或死亡。这是有历史原因的，狗的祖先都是群居动物，如果狗群中有狗生病了，其他狗就会杀死它，以免受到连累。所以如果你养了狗的话，一定要注意狗狗这一点哦，应该及时带狗狗去看病。

狗的尾巴是它们的主要交流工具，虽然不同的狗，尾巴形态各异，但是它们的尾巴表达的意思是差不多的。当它们兴奋或高兴时，就会摇尾巴，不仅左右摇，还会不断

旋转；当它们感到危险时，尾巴就会下垂；当它们感到不安时，尾巴不动；当它们感到害怕时，会夹起尾巴；当它们表示友好时，会迅速水平摇尾巴。

狗和人差不多，它的性格也是和生长环境有密切关系的。如果从小就经常和陌生人接触，经常到陌生的地方去，狗对陌生人就会很友好，性格也会很活泼；相反如果从小就被主人拴在家里，极少接触陌生人，或者有多次被陌生人侵犯的经历，狗对陌生人就会十分警惕并且非常敌视，脾气暴躁。

狗不喜欢独处，特别害怕孤单，它们会和自家的猫等动物友好相处并且会主动担起大哥的角色，保护其他动物。因此尽量不要让狗狗独自待在家里哦。

狗狗还有很多其他的习惯呢！相信细心的你已经在自家的狗狗身上发现了吧。

生物吉尼斯

力量最大的动物——蚂蚁

蚂蚁的个子虽小，但是你千万不要小瞧了它哦。它是大自然中当之无愧的大力士，据测定，一只蚂蚁能够举起超过自身体重400倍的东西，还能够拖运超过自身体重1700倍的物体。这就相当于人要举起比一辆卡车还要重的东西。根据科学家的观察，10多只团结一致的蚂蚁，能够搬走

超过它们自身体重5000倍的蛆或者别的食物，这相当于10个平均体重70公斤的彪形大汉搬运3500吨的重物，即平均每人搬运350吨。小小的蚂蚁为什么能有如此神力？这是因为蚂蚁体内是一座微型动物营养宝库，每100克蚂蚁能产生2929千焦(700千卡)的热量。科学工作者发现，蚂蚁腿部肌肉是一部高效率的"发动机"，这个"肌肉发动机"又由几十亿台微妙的"小发动机"组成。所以，蚂蚁能产生如此非凡超常的力量。蚂蚁的"肌肉发动机"使用的是一种特殊的"燃料"，是一种结构非常复杂的含磷化合物，称为三磷酸腺苷，即ATP。这种特殊的"燃料"不经过燃烧就能把潜藏的能量直接释放出来，转变为机械能，加之不存在机械摩擦，所以几乎没有能量的损失。正因为如此，蚂蚁的"肌肉发动机"效率非常高，可高达80%以上，这就是"蚂蚁大力士"的奥秘。

牛牛奇见闻

看不到的生产车间

在整个地球上，绿色植物就像一个个的生产车间，通过光合作用为地球上的其他生物制造免费的有机物和氧气。但是，你们知道吗？在地球还有一些我们看不见的生产车间哦。它们也能为地球制造有机物和氧气，但是它们却是我们肉眼看不到的。比如说以下几种，它们可是幕后

英雄哦。

蓝细菌，它是光合细菌的一种。它的菌体内没有像植物那样的进行光合作用的场所，但是具有叶绿素等光合色素，它就凭借这些光合色素吸收太阳能和空气中的二氧化碳而产生有机物和氧气。这些光合细菌可是对人类的生产有大大的好处呢，它不仅可以净化水体，保护环境，还可以作为鱼苗的饲料，减少鱼类病害的发生。

铁细菌，它是不需要太阳能就可以制造有机物和氧气的。来看看它的特殊本领吧。它生活在含有高浓度二价铁离子的池塘、湖泊中，它能够将二价的铁离子氧化成三价的铁离子并释放能量，利用此能量同化二氧化碳产生有机物和氧气。

硫细菌，它的原理和铁细菌相似，但是不同的是，硫细菌是将硫化氢氧化成硫酸盐并释放能量，利用该能量来固定二氧化碳生成有机物和氧气。

除了这些之外还有氢细菌通过将氢气氧化为水，硝化细菌通过将氨氧化为亚硝酸盐，或将亚硝酸盐氧化为硝酸盐。

这些微生物虽然个体微小，但是却同样为地球贡献着自己的一份力量哦。

大自然的"清洁工"

神秘的亚马逊热带雨林，广袤的非洲大草原，奇妙的海底世界……这些都让我们领略到了大自然的美丽和神

奇。你知道吗，我们的大自然如此美丽可少不了这些功臣哦，但是人们却往往忽略了它们的存在，不过牛牛可不会忘记，牛牛现在就宣传一下它们的先进事迹。

首先请出今天的主角，它们有个共同的名字叫分解者，用通俗的话来说，它们就是大自然的"清洁工"。你可千万不要小瞧了这些"清洁工"哦，它们可发挥着巨大的作用呢。如果没有它们的话，动物排出的粪便和死亡后的尸体就会一直堆积在那里，不会腐烂也不会消失。可想而知，如果没有分解者的话，我们大自然就不是现在这个样子了，而是堆积如山的尸体和粪便。

那么接下来让我们认识一下大自然的这些功臣吧！首先，主要的分解者就是微生物了，它们是真菌和细菌。另外，相对于这些肉眼看不见的微生物之外，还有一些巨大的分解者哦，比如说蚯蚓和秃鹫等。

先来说说蚯蚓吧。它们的身体由许多相似的环状体节构成，我们称这种动物叫做环节动物。蚯蚓一般栖息在有机质丰富、潮湿阴暗的土壤中，以地面的枯草、落叶和土壤中的腐殖质为食，昼伏夜出。它们常常以体前端钻进土里，而后端伸出地面排出粪便。可以看出它可是个很勤恳的"清洁工"哦。

秃鹫，又名座山雕、秃鹰。它是一类以食腐肉为生的大型猛禽，分布很广。秃鹫主要以哺乳动物尸体为食物，偶尔也会捕食生病或受伤的动物。在青藏高原，有一种叫

秃鹫

做天葬的仪式，就是将死去的人搬往安静塔，并成为秃鹫的食物。

秃鹫身体最显著的特征是颈后羽毛稀少或者没有羽毛。因为它们吃腐尸时，有时要把头伸入尸体的腹腔内，裸露的头可以很轻松地进行取食。另外，秃鹫还有一个秘密武器，那就是带钩的嘴，它的嘴可以轻松地啄破和撕开动物的皮。秃鹫还有一个好习惯就是讲卫生。它脖子的基部长着一圈长长的羽毛，可以防止进食时弄脏身上的羽毛，你说是不是很像人用餐时的餐巾？

同学们，现在你知道了吗？分解者不止有像细菌、真菌一样的微生物，还有像蚯蚓、秃鹫一样的动物哦。

牛牛问与答

你知道"螳螂捕蝉，黄雀在后"背后的知识吗？

大家肯定都听说过"螳螂捕蝉，黄雀在后"这句谚语吧，这个成语讽刺了那些只顾眼前利益，不顾身后祸患的人。这句话还有一个故事呢。话说在一片园子里，有一只蝉在贪婪地吮吸着树叶中的汁液，一只螳螂看到了这只

蝉，于是它弯曲着身体，贴着树干悄悄地从后面向这只蝉爬去，但是它不知道旁边已经有一只黄雀注意它很久了。正当这只螳螂挥起它的大刀攻向蝉的时候，黄雀伸长了脖子把

螳螂捕蝉，黄雀在后

它给吃了。黄雀饱餐了一顿，正洋洋得意的时候，一个孩子在树下拿起弹弓将黄雀打下树来。

在这个故事里我们知道：蝉吃树叶，螳螂吃蝉，黄雀吃螳螂。像这样的吃和被吃的关系，形成了一条食物链。食物链主要有三种类型。一种是捕食食物链，它是以绿色植物为基础的，由植物到食草动物，再到食肉动物。就像"树叶→蝉→螳螂→黄雀"。另一种是碎屑食物链或腐屑食物链，是以动植物残体为基础的，由动植物残体到分解者或碎屑，再到食碎屑动

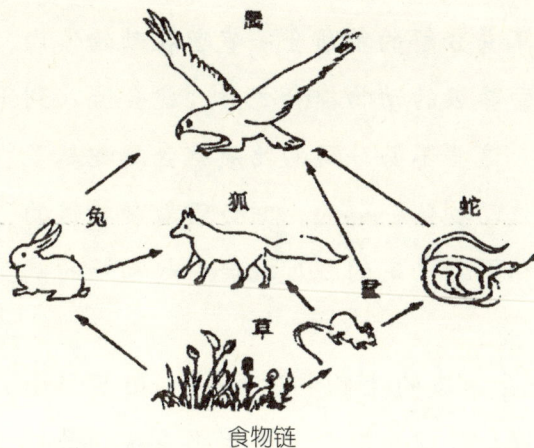

食物链

物，再到小型肉食动物，最后到大型肉食动物。像"植物落叶→蚯蚓→小鸡→黄鼠狼"。第三种是寄生食物链，是以大动物为基础的，小动物寄生在大动物身上。像"人类→蛔虫→细菌"。

但是，我们都知道很多动物都不止吃一种食物，很多植物也不止被一种动物吃。就像狐狸不仅吃老鼠还会吃兔子；而小草不仅会被老鼠吃，还会被兔子吃。这样子的话，食物链就会相互交织在一起，形成错综复杂的一个网络结构，我们称之为食物网。

食物链的每一个环节叫做一个营养级。在食物链上后一种生物吃食前一种生物，并且通过新陈代谢将前一种生物的营养物质转化为自身的营养物质。有研究表明，后一种生物只能贮藏从前一种生物中摄取的总能量的10%～20%，也就是说能量会沿着食物链的营养级逐级递减80%～90%，因此，营养级一般不会超过五级。

另外，有一些不易分解的物质会一直留在动物体内，当这个动物被下一营养级的动物捕食之后，就会流入到下一营养级中，这样，这些不易分解的物质就会越积越多。有毒物质就是不易被动物体分解的，它会沿着食物链的营养级逐渐积累，当积累到一定的程度就会引起动物的病变和死亡。

食物链中各个营养级的生物相互制约，相互影响。如果某一营养级出现故障就会引起整个生态系统的紊乱。

有个农场养了很多羊，但是农场周围总是会有狼群出没，农场主为了增加羊的产量，捕杀了狼群，随着狼群的减少，羊的数量开始增加，但是过了一段时间羊群中的羊开始大量死亡。原因是狼死了，羊的数量增加，羊的质量也下降了，病羊老羊的数量也增多了，草场中的草也被羊群吃得差不多了。羊群在没有草、没有空间的条件下，疾病流行，羊群就大量死亡了。最后，农场主又不得不请回了"狼医生"，不久之后农场中的羊群又恢复了健康。由此可见，食物链中的任何一个环节对环境都有着十分重要的意义，对维护生态平衡有着重要的作用。

为什么"一山不容二虎"？

同学们都听说过"一山不容二虎"这句话吧。为什么"一山不容二虎"呢？今天牛牛就从生物学的角度来告诉大家答案。

科学家们在研究食物链和食物网的时候，发现了一个奇特的现象。按照食物链的顺序各个营养级的生物量、能量和个体数量都是逐渐变少的，把它们这种关系描述成图的话竟然和古代埃及的金字塔非常相似。因此，科学家们就把它称为"生态金字塔"。

生态金字塔包括生物量金字塔、数量金字塔和能量金字塔三种类型。生物量金字塔是以各个营养级的生物量构成的金字塔；数量金字塔是以各营养级的生物个体数量构

成的金字塔；能量金字塔是以各营养级的能量构成的金字塔。

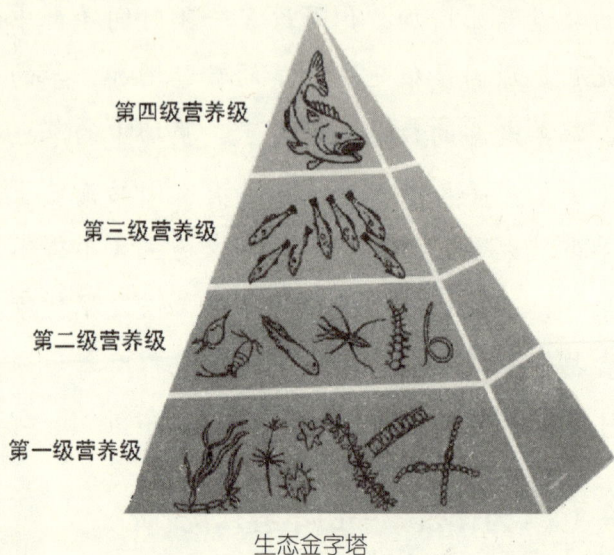

第四级营养级

第三级营养级

第二级营养级

第一级营养级

生态金字塔

　　金字塔的形成是由生态系统的客观规律决定的。沿着食物链的顺序，生态系统中的能量逐级递减。每一营养级中大部分的能量被呼吸作用消耗了，传给下一营养级中的能量仅有上一营养级的10%～20%，这些能量只能够满足少部分下一营养级生物的生存需要。由于能量的减少，生物的个体数量也随之减少，这就是数量金字塔形成的原因。

　　牛牛以10%的能量传递率给同学们举两个例子吧。在池塘里，要有5000公斤的浮游植物才能使浮游动物增重500公斤，而这500公斤的浮游动物只能使小鱼增重50公斤，这50公斤的小鱼最终使大鱼增重5公斤，也就是说要有5000公斤的浮游植物才能最终使大鱼增重5公斤。在草原上，要使狼增加1公斤就需要10公斤的羊肉，要增加10公斤的羊肉就需要100公斤的草。

这下大家应该明白了吧，在森林中，老虎是森林之王，处在食物链的顶端。老虎的食物能量已经不多了，老虎的数量自然也会很少。"一山不容二虎"的说法表明，在有限的自然环境中，不可能供养太多像老虎这样的处于食物链顶端的动物。

在这里牛牛要提醒同学们的是，生态金字塔不是符合所有的自然环境哦。比如说，在一棵参天大树上住着很多的白蚁，这些白蚁是以大树为食的，但是白蚁的数量却远远大于大树的数量，这一点就不符合数量金字塔哦。因此，生态金字塔只是对大多数环境而言的，而不是对所有环境都成立的。

第二章　魅力家园

　　在本章的内容里，天生就有冒险精神的探险家牛牛将带领你去认识一下生物圈大家庭中的各个"小家庭"——各个生态系统。另外，随牛牛去领略充满神秘色彩的大自然，其中有人烟罕见、大多数的植物和动物都不能生存的"生命禁区"，还有一派欣欣向荣景象的生物天堂。魅力十足的大自然等着你去探险呢，赶紧的吧，跟上牛牛，出发啦！

牛牛大讲堂

我们的小家庭

　　生物圈是我们的大家园，在生物圈中有着我们的"小家庭"。这些"小家庭"就是我们要讲的生态系统，科学家们把生态系统分成了森林生态系统、草原生态系统、海洋生态系统、湿地生态系统、农田生态系统和城市生态系统。这些生态系统又被分为三大类。其中，第一大类为海洋生态系统；第二大类是陆地生态系统，包括森林生态系统、草原生态系统、农田生态系统和城市生态系统等；第三大类为湿地生态系统。正是这些生态系统共同构成了我们美丽的生物圈。

海洋生态系统主要是由海洋和海洋生物组成，海洋中的植物绝大多数是微小的浮游植物，动物的种类很多，大都能在水中游动，而且随着海水的深度不同，鱼类的形态也会有所变化。

森林生态系统分布在较湿润的地区，森林生态系统中的动植物种类丰富，同时能够为人类提供各种生活、生产原料。另外，森林生态系统还有涵养水源、保持水土的作用。

草原生态系统主要分布在干旱地区，主要是草本植物，偶尔可见灌木丛，但是高大的乔木非常少见。这里的动植物种类都相对较少，主要生活着一些善于奔跑和挖掘的动物。

农田生态系统是人工的生态系统，主要以农作物为主体，动植物的种类都相对较少，受人为因素的影响很大。

城市生态系统的主要支配者是人类。人类主导着整个生态系统。在城市生态系统中动植物的种类和数量都很少，主要的消费者是人类，而不是其他的野生动物。

湿地生态系统是在表面常年或经常覆盖水的条件下形成的生态系统。在湿地上有丰富的动植物种类。比如鱼类和鸟类。湿地具有净化水源、调节水平衡的作用，被人们

称为"地球之肾"。

但是，同学们可要记住了，这些生态系统只是我们人为区分开来的。实际上，这些生态系统不是各自独立、彼此分开的。每一个生态系统都和周围的其他生态系统有着密切的联系。从非生物因素上来看，水在各个生态系统中循环，阳光在地球上的各个生态系统中都有。城市生态系统中制造的二氧化碳，可以被森林生态系统中的植物吸收并放出氧气。从地域上来说，各个生态系统也是相互关联在一起的。比如说黄河和长江，它们会经过森林生态系统，会经过草原生态系统，还会形成湖泊，成为湿地生态系统，还会灌溉农田，经过城市，最后汇入到海洋中。从生态系统的生物角度上看，一些植物的种子、花粉会通过风、虫、兽等因素传播到不同的生态系统中。鸟类的迁徙、鱼类的洄游等也会经过不同的生态系统。

由此看来，虽然我们人为地把生物圈分为各个不同的小生态系统，实际上，各个生态系统都是相互联系的，生物圈本身就是一个最大的生态系统，是一个统一的整体，是所有生物的共同家园。

绿色水库

森林生态系统是陆地上最庞大、最复杂的生态系统，大约占陆地面积的32.6%。森林生态系统占有巨大的空间，其地上部分可以高达数十米甚至数百米，地下部分根系也

可以延伸至土壤数十米。因为它能把水分保存在绿色森林里面，具有改善生态环境、涵养水源、保持水土的功能，所以人们称之为"绿色水库"。森林还有防风固沙、调节气候、净化空气的作用。它能吸收空气中的二氧化碳制造出大量的氧气，调节空气中氧气和二氧化碳的平衡。

森林生态系统

森林生态系统还是巨大的"资源库"，森林除了提供大量的木材之外，还能生产松香、樟脑、橡胶等具有很大经济价值的工业产品。森林中既有大量的食用植物，如枣、柿、粟、猕猴桃、荔枝等，又有很多油料植物，如油茶、油桐、文冠果等，还有丰富的珍贵药材资源，比如人参等。森林资源是可更新的资源，只要人们按照森林的自然发展规律合理利用，森林的资源是取之不尽用之不竭的。由于森林的生长周期长，生长缓慢，要使森林可持续

利用就必须保证足够的森林储备，采伐后要及时造林。

森林生态系统的植物主要以乔木为主，灌木和草本植物只占少数，在树上有丰富的食物，相对于地上而言，树上要安全多了。所以，森林中在树上生活的动物种类特别多。如松鼠、猴、貂等，它们大多数攀缘能力强。森林中障碍物多，不便于奔跑，所以，森林中的动物大多不善于奔跑，而且肉食性动物往往采取伏击的方式进行捕食，争取一招制敌。而被捕食者往往采取伪装、隐蔽的方式来逃脱敌人的魔掌。此外，森林中挖洞和穴居的动物也很少见，因为要在树下挖洞简直是一件难上加难的事，树下盘根错节，而且土壤潮湿，不适宜居住。

除此之外，森林生态系统还是陆地上物种最丰富的"物种库"。森林为大量的植物、动物和微生物提供了有利的生存环境，可以保证这些生物良好生长。据统计，地球上现存物种有1000多万种，其中有200～400万种聚集在热带雨林之中，陆地植物有90%以上是存在于森林之中的，土壤中生存的其他生物和微生物更是不计其数。所以说，森林是大自然中最宝贵、最丰富的物种库，这对于人类研究生物资源、改善人类生活环境有重要的作用。森林中还生存着珍贵的稀有动物和植物，保护森林有利于保护我们的自然家园。

广袤的草原

大家有没有见过广袤的草原呢？一望无际的绿色，给

人留下了无限的遐想。草原生态系统也是主要的生态系统之一，它是继森林生态系统之后占陆地面积第二大的生态系统，约占陆地总面积的24%。草原生态系统可以分为：草甸草原、典型草原和荒漠草原。

小知识链接

草原生态系统：以各种多年生草本植物占优势的生物群落与其环境构成的功能综合体。

草原主要分布在干旱地区，年降雨量很少，而且降雨量很不均匀。草原上的动植物种类比森林生态系统要少得多，植物主要以草本植物为主，可能还有少量的灌木丛，基本上没有高大的乔木。草原上的动物与草原相适应，绝大多数具有善于快速奔跑的本领。比如说，瞪羚、黄羊、高鼻羚羊、狐等动物。草原上的啮齿类动物非常多，它们几乎都善于挖洞，过着底下穴居的生活。比如说，田鼠、黄鼠、旱獭和鼢鼠等动物。另外，草原上还有一些鸟类，它们有的也是过着穴居的生活。在草原上，由于缺水，两栖类动物和水生动物都非常罕见。

下面牛牛就带你去了解一下草原上的这些动物吧。

从远处草原上向我们跑来的是一只羊，它以很快的速度向我们跑过来了，牛牛发现它的眼睛特别大，就好像瞪着大眼睛一样，原来这就是我们所说的"瞪羚"。正是

因为它看起来像瞪着大眼睛，所以大家叫它瞪羚。瞪羚奔跑速度很快，能以每小时80公里的速度奔跑，这就相当于行驶在高速公路上的汽车。而且它以这样的速度跑一个小

瞪羚

时也不觉得累。瞪羚的身材娇小，是草原上肉食动物的美餐，瞪羚对付敌人的方法只有一个，那就是逃跑。俗话说"三十六计，走为上计"嘛。草原上它的速度只能屈居第二，跑得最快的是猎豹。当猎豹盯上了瞪羚之后，那就免不了一场"追逐赛"了，这个时候，瞪羚就会发挥它的另一项本领——跳，瞪羚不仅是奔跑健将，还是跳远和跳高健将。它跳得既远又高，纵身一跳可以高达3米，跨度9米。比现在的世界跳高记录和跳远记录还要高还要远呢。瞪羚几个跳跃和突然转向之后就能飞快的逃离猎豹，猎豹也就只能望"羊"莫及啦。

　　牛牛又听到前面的草丛里有窸窸窣窣的声音，走近一看，原来那里有个鼠洞，有一只小鼢鼠正探着脑袋向外看

呢。鼢鼠的四肢短粗有力，前足特别发达，是挖掘洞道的有力工具。鼢鼠的眼睛很小，几乎被体毛所掩盖了，视力很差，有"瞎鼠"之称。

鼢鼠

鼢鼠喜欢黑暗，害怕阳光，属于穴居动物，栖息在土壤潮湿、疏松的洞中。它的听觉十分灵敏，喜欢安静的环境，害怕惊吓。它的抗病力较强，不需要冬眠。鼢鼠喜欢吃的食物是土豆和草根，它可以利用它的前足挖掘食物。

草原对自然环境的作用是巨大的，它能够调节气候，防止土地风沙侵蚀，阻止沙漠的蔓延，起着天然的屏障作用。另外，草原是畜牧业发展的重要基地，广阔的草原上饲养着大量的家畜，这些家畜为人们提供了大量的生产生活原料，比如肉、毛皮、奶等。

小知识链接

超载过牧，就是指牲畜放牧量超过了草原生态系统生物生产的承受能力。

但是，现在我们的草原退化、沙化、碱化以及鼠害等一系列生态问题相当严重，其主要原因是人类对草原的不

合理利用，例如，超载过牧和不适宜的农垦。为了保护我们美好的大自然，我们应该合理放牧，保护和促进草原生态系统的恢复和发展。

地球之肾

肾对人体有至关重要的作用，它能够排出体内的废物，保持体内水分的平衡。在大自然中，湿地生态系统同样也可以排出地球上的废物，起到调节和保持水域水流量平衡的作用，所以，人们称湿地生态系统为"地球之肾"。

湿地生态系统

根据1971年2月3日各缔约国在伊朗拉姆萨尔首次签订的《关于特别作为水禽栖息地的国际重要湿地公约》（简称《湿地公约》）对湿地下的定义是："湿地系指天然或人工、常久或暂时之沼泽地、湿原、泥炭地或水域地带，带有静止或流动、咸水或淡水或半咸水水体，以及低潮时水深不超过6m的浅海水域。"湿地生态系统表面常年或经常覆盖着水，处于陆地和水体之间的过渡带上。像滩涂、红树林、珊瑚礁、湖泊、河流、沼泽、水库、池塘、水稻田都属于湿地。

小知识链接

1971年2月2日，来自18个国家的代表在伊朗南部拉姆萨尔签署了《湿地公约》。为了纪念这一创举，1996年《湿地公约》常务委员会第19次会议决定，从1997年起，将每年的2月2日定为世界湿地日。

湿地对调节生态环境有重要的作用。首先，它是一个巨大的蓄水库，能够有效地蓄水防洪。每年汛期洪水到来之时，湿地就像巨大的海绵一样，能将洪水蓄存起来，起到调节水位、消洪减灾的作用。在干旱期间，湿地又能够将蓄存起来的水给缓慢地排出，缓减干旱对自然和社会带来的灾害，从而保持水量的平衡。

小知识链接

红树林生长于陆地与海洋交界带的滩涂浅滩，是陆地向海洋过渡的特殊生态系统，以红树植物为主体。

其次，湿地还能调节区域的小气候，能够有效地减少干旱和风沙等自然灾害。湿地通过蒸腾作用能够产生大量的水蒸气，增大了周围地区的空气湿度，同时可以诱发降

雨。有调查发现，湿地地区的降雨量要相对较多。

湿地还可以通过化学和生物的途径，吸收土壤和水中的营养物质，降解有毒污染物质，最终起到净化水体、消减环境污染的作用。

湿地广泛分布于世界各地，动植物资源相当丰富，因为它处于陆地和水体的过渡带上，为陆生动植物和水生动植物提供了栖息和生长的场所和条件。我国的湿地分布在各种地域、跨度大、生态环境多样、生物资源非常丰富。湿地是鸟类的乐园，湿地鸟类的种类很多，尤其是候鸟。每到冬季，鄱阳湖就会聚集大量来此地越冬的候鸟。湿地中还有大量的鱼类，在湿地物种中，淡水鱼类有770多种。湿地蓄藏有丰富的淡水、动植物、矿产等资源，还可以为社会提供水产、莲藕、禽蛋等多种食品。许多湿地自然环境独特，风光秀丽，是人们旅游度假的理想去处。

湿地对维持环境的水平衡、抵御洪水、调节气候、保护野生动植物有重要的作用。湿地还是进行科学研究、科普宣传、旅游休闲的重要场所。因此，保护湿地，对我们有着重要的意义。

五彩缤纷的世界

海洋生态系统是由海洋和海洋生物所构成的自然生态系统。海洋生态系统主要包括环境及海洋生物。其中环境主要包括温度、阳光、海流、有机碎屑物质等因素，而海洋生物包括生产者、消费者、分解者等。

海洋可是名副其实的五彩缤纷的世界，组成这个五彩缤纷的世界自然少不了美丽的海洋生物啦。

海洋中的生产者主要是那些具有叶绿素的自养植物。海带就属于

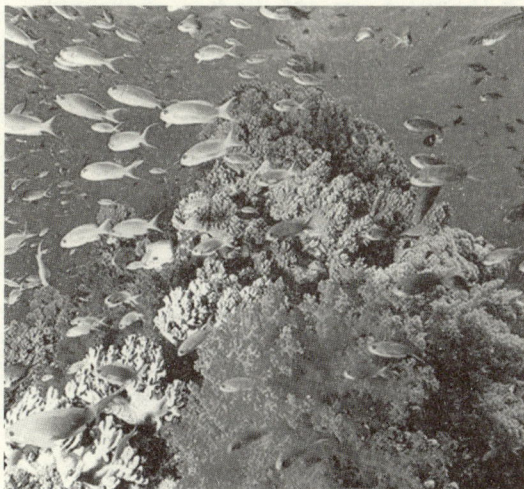
五彩缤纷的海洋

其中的一种，海带属于藻类，长带状，一般有2-6米长，20-30厘米宽，2-5毫米厚，海带可以分为固着器、柄部和叶片三部分。固着器就像一个假根用以附着在海底的岩石上；与固着器相连的是柄部，柄部短粗圆柱形；柄上面就是宽大的带状叶片了。海带能进行光合作用是因为含有叶绿素。但是由于叶黄素的含量超过别的色素，故藻体不呈绿色，而呈黄褐色或深褐色。

小知识链接

中医认为，海带性味咸寒、无毒，具有降压、降脂、降糖、提高免疫力、补钙、美容、减肥等功效。另外，海带中含有大量的碘和碘化物，能防治甲状腺肿。

除了自养植物以外，还有一些自养型细菌也充当生产者的角色，它们利用光能或化学能，把周围的无机物质转化为有机物质。

珊瑚

海洋中的消费者主要有小型浮游动物、腔肠动物、鱼类、还有哺乳动物等。小型的浮游动物一般生活在浅海区，它们体型一般不大，多数是营浮游生活的，以浮游植物为食，如一些甲壳动物和海洋动物的幼体。

腔肠动物主要有珊瑚、海葵、海蜇等。珊瑚是五彩世界的建筑师。这些珊瑚生活在浅海区域，适宜的温度为22-32℃。如果温度过低，珊瑚则不能生存，所以珊瑚一般生活在低纬度海域。珊瑚的形状像树枝，颜色鲜艳美丽，一般为白色和黑色，以红色、粉红色、橙红色最为珍贵。珊瑚不仅可以用来做装饰品，还可以做药材。据《唐本草》记载："珊瑚味甘，平，无毒。"有去翳明目、安神镇惊，治目生翳障、惊痫的功效。

小知识链接

珊瑚虽然形状像树枝，但是它可是不折不扣的动

物，珊瑚礁是由造礁珊瑚死后骨骼堆积起来所形成的岛屿和礁石。珊瑚礁可以称为"水中花园"，它为许多动植物提供了生存环境。

根据海水的深度，鱼类可以分为深海鱼和浅海鱼。深海中，因为阳光不充足，生存竞争更加激烈。许多鱼自身会发光，有的鱼身上附着一些发光的细菌。发光主要有诱捕食物、吸引异性、迷惑敌人、物种交流的作用。

安康鱼的嘴巴很大，长着长长的牙齿。头顶有一个钓竿，这根钓竿会发出光来引诱小鱼，它常常是潜伏不动的，一些小鱼虾会自动游向钓竿上的小灯光，送到它的嘴中。

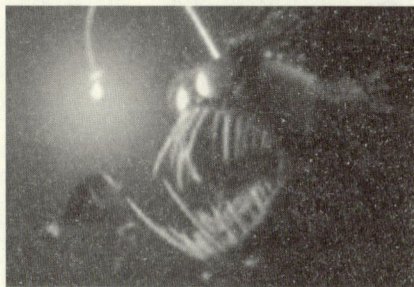

安康鱼

灯眼鱼的眼睛下面有一个发光器官，是发冷光的细菌所起的作用，通常发的是白光，有的也会发出蓝光。灯眼鱼能够控制冷光的开关，通过控制冷光闪烁的频率来彼此交流。另外，当有掠食者来了，它就会把冷光熄灭，把自己隐藏起来，然后逃

灯眼鱼

之天天。它的光还能吸引浮游动物或其他小动物靠近，然后吃掉它们。灯眼鱼的冷光可谓是"一举三得"啊。

葡萄牙亚述尔群岛上的塑料

海洋中的分解者主要包括异养型细菌和真菌。它们可以分解海洋中死亡动物的尸体，使之成为生产者和消费者所需的无机物和有机物。

海洋生态系统对人类的作用是巨大的，它是生物圈的重要组成部分之一。但是，长期以来，人们过于注重海洋的经济价值，而对海洋资源过度开发利用，导致海洋生态系统的破坏，全球海洋生态系统将面临崩溃的危险。我们只有合理地捕鱼，维持海洋资源的可持续发展，保护好海洋的生态环境，才能更好地生活在我们的地球上。

"绝处逢生"

世界寒极——南极

牛牛跟随着南极科学考察队来到了地球的最南端——南极。牛牛被眼前的景色给愣住了，南极真是一个美丽得如同童话般的世界，所有的颜色都是纯净得没有一点瑕

疵。湛蓝的天空、乳白的云、洁白的雪、艳红的太阳，仿佛这里就是离天堂最近的地方。但是，科考队员们告诉牛牛，在这至纯至美的景色之下却无处不是致命的危险。极地阳光中强烈的紫外线、肆虐的狂风、乳白的天空就像恶魔一般，随时都会取人性命。

壮美的南极大陆

　　南极有几个必杀技，各个都可能置人于死地。第一就是"奇寒"，南极被称为世界上最寒冷的地方。南极点附近的平均气温为-49℃，最低气温可以达到-80℃。即使在11月至第二年3月这种南极的暖季，平均气温也在-34℃~-20℃。如此寒冷的环境对一切生命来说都是可怕的威胁，南极冰盖就像一面巨型反射镜，把太阳辐射热量的90%反射回宇宙空间。南极终年是寒彻九天、大地封冻的荒凉景象。

　　第二个必杀技是"杀人风"。南极的风异常厉害，是

跟它的地形有关的，南极大陆是中部隆起向四周倾斜的高原。巨大而深厚的冰层如同一个银铸的大锅盖，倒扣在南极大地上面，所以又称南极冰盖。它就像一台高效的冷风机，每时每刻都吹出冷风，酝酿风暴。当沉重的冷空气从南极高原的顶端向四周俯冲下来的时候，注定就有一场可怕的极地暴风雪即将来临。这时天昏地暗，狂风大作，大风卷起冰雪从高处铺天盖地地滚落下来，就像千军万马奔袭而来，像决堤时的洪水冲下来一样，要吞噬整个世界。人在暴风雪中不过是洪水中的一片叶子，毫无还手之力。

第三个必杀技是"冰缝"。南极冰盖上纵横交错地密布着无法尽数、隐藏在白雪下肉眼无法看见的冰缝。这些在平原上纵横密布的冰缝比暴风雪更恐怖，这些冰缝有的深达上千米，掉下去就万劫不复，救都没法救。最危险的是有的冰缝上有一层称为冰桥的薄冰层，冰上的人根本看不到下面是否有冰缝，只有人或车辆经过时，才会发生崩塌。

第四个必杀技是"白色沙漠"。南极是世界上最干燥的地方。什么？是不是搞错了，南极大陆到处冰天雪地的，怎么会是最干燥的地方？没错，南极是最干燥的地方。南极的干旱是因为低温寒冷造成的。南极大陆由于覆盖着广袤的冰原，从海洋上吹来的暖湿气流根本无法进入南极内陆，而且在寒冷冰原上空的冷空气异常干燥，含有的水蒸气极少。由于气候寒冷，南极大陆降下来少量的水，也不是液态的雨水，而是纷纷扬扬的雪花或雪粒。如

果人到了南极，最明显的感觉是空气干燥。正因为如此，人们把南极大陆称作"白色的沙漠"。

正是因为这种严寒、干燥、风大的气候，使得南极地表几乎是不毛之地，那里的植物稀少，没有树木，也没有多少高等植物。现在已发现的植物有850多种，大多数为低等植物，开花植物只有三种，一种是垫状草，另两种是发草属植物。如果你想在南极看到鲜花盛开的景色的话，肯定要失望了。

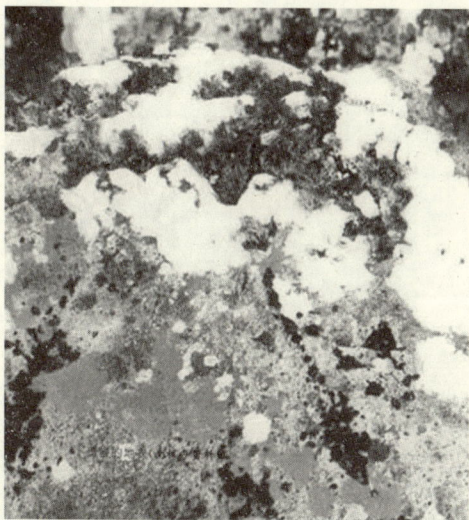
斑驳的地衣

在南极，地衣是分布最广、种类最多的土著植物。它是一类原始型的低等植物，能适应南极洲那种沙漠般的干燥和极度寒冷的环境。地衣生长所需的水分是冰雪融化时得到的，所需要的营养是由岩石的化学风化物提供的。最近的研究表明，有几种地衣，其假根可以分泌地衣酸，溶解岩石，一方面固定自己，另一方面从中得到营养。

南极陆地动物的数量也很少，其中多为海鸟和海兽身上的寄生虫，并非真正的陆地动物。真正的南极陆地动

物有昆虫和蜘蛛类，它们是在南极大陆土生土长的土著居民，例如蜱、螨、尖尾虫和蠓等。

在陆地上的动植物稀少，但是，在海洋中又是另一番景象，在地表之下的海洋里的温度要比在陆地上高多了。下面有海藻、珊瑚、海星和海绵，大海里还有许许多多叫做磷虾的微小生物，磷虾为南极洲众多的鱼类、海豹、企鹅以及鲸提供了食物来源。

世界最大的沙漠——撒哈拉沙漠

一望无际的沙漠

牛牛又来到了非洲的北部，这里有世界上最大的沙漠——撒哈拉沙漠，听向导说，撒哈拉是阿拉伯语的音译，原意为"大荒漠"。它东西长约5600公里，南北宽约2000公里，总面积约900万平方公里，这个面积比整个美国的国土面积还要大。它位于阿特拉斯山脉和地中海以南，东面为红海，西起大西洋海岸，南面为萨赫勒一个半沙漠半草原的过渡区。包括毛里塔尼亚、马里、尼日尔、乍得、利比亚、突尼斯、埃及、苏丹等11个国家和地区的全部或部分领土。

小知识链接

撒哈拉沙漠是除了南极洲之外的最大的荒漠，气候条件极其恶劣，是地球上最不适宜生物生存的地方之一。

这里的气温可真高啊，昼夜温差大。撒哈拉沙漠的年平均日气温为20℃，冬季的平均气温也有13℃，夏季的温度极高。在利比亚的阿济济耶测得的最高气温为58℃，创下了历史记录。由于缺乏植被覆盖，空气湿度小，白天升温很快，到了晚上，地面的辐射强、散热快，使得撒哈拉沙漠地区的昼夜温差很大，年平均日温差为17.5℃。有的时候日温差特别大，在北非的黎波里以南的一个气象测站于1978年12月25日曾测得最大的昼夜温差，白天最热达37.2℃，晚上降至最低温-0.6℃，日温差达37.8℃，用"朝穿皮袄午穿纱"来形容是最贴切不过了。

撒哈拉沙漠的降雨量也少得可怜，而且蒸发量很大，湿度小。撒哈拉沙漠年平均降水量在50毫米以下，有的地方甚至有一连好几年没有降雨的记录。沙漠中经常无云、风

大、日照强、气温高，导致蒸发量非常大，蒸发量可以达到降水量的20倍，甚至200倍。空气的相对湿度很小，在埃及撒哈拉沙漠常出现2%左右的相对湿度。

正是因为沙漠上这种极端的气候条件，使得生物在此地很难生存。撒哈拉沙漠上的动植物种类很少，但是都有耐旱、耐热的本领。植物的根系非常发达，有的能够深入地下数米吸取水分，为了减少蒸发，它们的叶子一般都很小，有的甚至没有。如仙人掌的叶子已经特化成刺，以减少水分的丧失。

在沙漠中生存的动物也能尽量地减少水分的丧失。沙鼠很少喝水或完全不喝水，仅靠摄取食物中的水分就能满足生存需要；蛇类等动物在夏季过热的条件下会夏眠；骆驼在得不到食物的情况下，可以通过分解驼峰内的脂肪供生存需要，骆驼的胃里有许多瓶子形状的小泡泡，水可以贮存在这些"瓶子"里，骆驼即使几天不喝水，也不会有生命危险了。

沙漠中的绿洲

在一些凹陷地区、河谷或是小盆地，由于地势低，地下水流出，会形成一个个的绿洲，成为沙漠中的亮点。

绿洲的植物相对较茂盛，主要是枣椰树，还有一些灌木和草本植物。动物多聚集在草木茂盛的地方，主要有爬行动物、鸵鸟、沙狐和骆驼等。

不毛之地——死海

死海位于约旦河和巴勒斯坦交界处，是世界上最低的湖泊，湖面的海拔为-422米，被人们称作是"世界肚脐"。死海中的盐分含量相当高，在

死海

这种高浓度盐分的水中，生物几乎无法生存，就连死海沿岸的陆地上也很少有生物，因此人们称它为死海。

小知识链接

死海可不是海哦，它只是一个盐分浓度很高的咸水湖。

关于死海还有一个传说呢。相传在远古时候，这儿原来是一片大陆。村里男子们有一种恶习，先知鲁特劝他们改邪归正，但他们拒绝悔改。上帝决定惩罚他们，便暗中

谕告鲁特，叫他携带家眷在某年某月某日离开村庄，并且告诫他离开村庄以后，不管身后发生多么重大的事故，都不准回过头去看。鲁特按照规定的时间离开了村庄，走了没多远，他的妻子因为好奇，偷偷地回过头去望了一眼。转瞬之间，好端端的村庄塌陷了，出现在她眼前的是一片汪洋大海，这就是死海。她因为违背上帝的告诫，立即变成了石人。不管经过多少世纪的风雨，她仍然立在死海附近的山坡上，扭着头日日夜夜望着死海。

这当然只是一个传说，那么死海到底是怎么形成的呢？请听牛牛慢慢道来。死海形成主要有两个原因：其一，死海一带气温很高，使得蒸发量大。夏季平均可达34C°，最高达51C°，冬季也有14-17C°；其二，这里年均降雨量只有50毫米，而蒸发量是1400毫米左右。死海自然越变越"稠"，沉淀在湖底的矿物质越来越多，咸度越来越大。

死海的水温高、蒸发强、盐度高，使得水生植物和动物在死海内都无法生存。即使是从约旦河冲入湖中的鱼虾都会因为湖水含盐量过高而死亡。但是，据科学家的研究，死海中仍有一些细菌和海藻存在。其中有一种叫做"盒状嗜盐细菌"，具备防止高浓度盐侵害的能力。蛋白质在高浓度盐分的条件下，会脱水而失活。但是，这种细菌中的蛋白质置于高浓度盐分的水中，不会脱水。这就使得这种细菌能够在死海中生存。另外，死海中还发现了红色的"盐菌"，这种细菌使死海的水逐渐变红。

在死海中还有一个奇特的现象。那就是人可以浮在水面上，海水会把人托起来，这是因为死海中

漂浮在水中的人

湖水的盐度是大洋中海水的10倍。它的比重是1.17－1.23，而人体的比重只有1.02－1.09。水的比重超过了人的比重，自然人就不会沉下去了。另外，死海中还富含矿物质，常在海水中浸泡还有美容治病的功效呢。

死海的进水主要靠约旦河，但是沿岸的人们对水的需求量越来越大了，约旦河的河水被用于灌溉，流入死海的水正在逐渐减少，死海将面临枯竭的危险。为了保住死海，人们正计划在红海到死海或地中海到死海之间修建人工水道，把足够的水送到死海，以满足死海所需。

地壳最薄的地方——马里亚纳海沟

马里亚纳海沟位于菲律宾东北、马里亚纳群岛附近的太平洋底，亚洲大陆和澳大利亚之间，全长2550千米，为弧形，平均宽70千米，大部分水深在8000米以上。马里亚纳海沟是地球的最深点，也是地壳最薄的地方。

目前，测得海沟的最深处有10911.4米，是日本海洋科技中心于1995年3月24日，通过"海沟"号机器人测得的。

"海沟"号机器人不仅可以测得水的深度，同时还装备有复杂的摄像机、声纳和采集海底样品的机械手，可以对海底进行采集和拍摄。如果把世界最高的珠穆朗玛峰放在沟底，峰顶将不能露出水面，海沟的深度可见一斑。

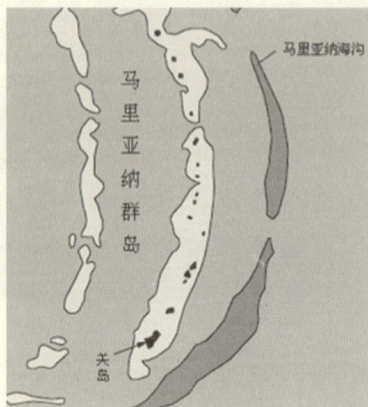

马里亚纳海沟方位

马里亚纳海沟海底的水压为108.6MPa，是大气压的1000多倍，在这种水压条件下，即使是坦克也会被压扁。另外，在一万多米的深度，太阳光根本无法照射进来，整个海底是一个漆黑的环境，常年水温为2℃。科学家们认定在

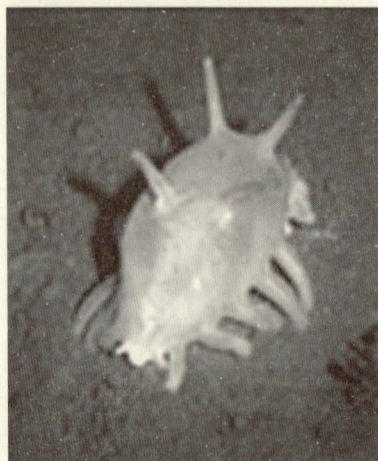

"海沟"号机器人传回的海底生物照片

这种极端的条件下不会有生物的存在。1960年，科学家乘坐"利亚斯特"号深海潜水器，成功下潜至马里亚纳海沟最深处进行科学考察。在海底科学家们发现了30厘米长的鲽鱼或比目鱼及虾。1995年，"海沟"号机器人也拍摄到有一个像海参一样的白色生物，旁边还有小鱼在游动。这些发现让科学家大为震惊，也改变了人们的看法。

这些生物怎么能承受如此巨大的压力呢？主要原因有两个：其一，鱼的鱼皮组织变为一层非常薄的层膜，它能使鱼体内的生理组织充满水分，保持体内外压力的平衡；其二，为了适应深海环境的巨大水压，鱼的骨骼变得非常薄，而且容易弯曲；肌肉组织变得特别柔韧，纤维组织变得出奇的细密。

马里亚纳海沟对地球环境的调节起着重要的作用。2011年1月，一个国际科研团队对马里亚纳海沟进行考察，发现马里亚纳海沟的碳含量比6000米深的海底平原的碳含量还要高。马里亚纳海沟就像是个沉淀物收集器，被海沟里细菌转化的碳都会落到这个深海收集器中。这就说明了海沟在固定碳、调节气候方面的作用。

体验探究

探险家牛牛走遍世界各地，费了好大力气发现了这些生物很少的生命禁区。同学们，你还知道有哪些地方也有这些绝处逢生的生物吗？快来告诉牛牛吧！

生物天堂

鸟类的天堂

鄱阳湖是中国最大的淡水湖，它位于江西的北部，汇集了赣江、修河、饶江、信江、抚河等水经湖口注入长

江。鄱阳湖外形酷似葫芦，倒挂在长江南岸，就像是系在长江这条巨龙腰间的一个宝葫芦。

鄱阳湖的鸟群

小知识链接

鄱阳湖是我国最大的淡水湖，第二大湖泊。湖水面积仅比青海湖小。

鄱阳湖水位最高时水面达到了5624平方公里，蓄积量达300亿立方米，是中国蓄积量最多的淡水湖。它一年流入长江的总水量为1460亿立方米，占长江总水量的15.5%，是长江水流的天然调节器。到了春秋季节，湖面水位下降，水体面积不足1000平方公里，形成了"洪水一片，枯水一线"的自然景观。

1992年，鄱阳湖被列入国际重要湿地名录，是各种珍稀水禽的繁殖和越冬地。鄱阳湖约有鸟类148种，其中水禽69种，属国家保护的鸟类有20种，主要有白鹤、白头鹤、黑鹳、大鸨、卷羽鹈鹕、白琵鹭等珍稀、濒危物种，鄱阳湖也被誉为"珍禽王国"。自从鄱阳湖自然保护区建立以来，各种候鸟的数量显著增加。每年冬春季，成群候鸟飞翔，壮丽奇观，"鄱湖鸟，知多少，飞时遮尽云和月，落时不见湖边草"，形象地描绘出了鄱阳湖越冬候鸟的壮观场面。

小知识链接

目前，我国已有37个湿地被列入国际重要湿地。江西鄱阳湖自然保护区是中国首批被列入"国际重要湿地名录"的湿地之一。

在鄱阳湖众多鸟类中，最耀眼的明星非鹤类莫属了。有白鹤、白枕鹤、白头鹤、丹顶鹤、灰鹤5种在鄱阳湖栖息。其中又以白鹤最为著名，可谓是明星中的明星了。

白鹤

白鹤是大型涉禽，略小于丹顶鹤，除初级飞羽为黑色之外，全体洁白色，站立时其黑

色初级飞羽不易看见，仅飞翔时黑色翅端明显；头的前半部为红色裸皮，嘴和脚也呈红色。白鹤对栖息地要求最特化，对浅水湿地的依恋性很强。在越冬地鄱阳湖，它主要以水下泥中的苦草、马来眼子菜、野荸荠、水蓼等水生植物的地下茎和根为食，另外也吃少量的蚌肉、小鱼、小螺和砂砾。

近些年来，在鄱阳湖越冬的白鹤数量不断增加，1980年发现白鹤91只，1981年发现白鹤148只，1982年发现白鹤189只，1983年发现白鹤450只，1984年发现白鹤840只，1985年发现白鹤1482只。近三年每年来鄱阳湖越冬的白鹤都在3000只左右，占全球白鹤总数的98%，被称为"白鹤世界"。

天鹅是一种大型游禽，嘴大多为黑色，上嘴部至鼻孔部为黄色，脚为黑色，全身羽毛白色，头颈很长，约占

天鹅

体长的一半。在游泳时脖子经常伸直，体态优雅，天鹅喜欢群息在湖泊和沼泽地带，主要以水生植物为食，也吃少量水生昆虫、螺类和小鱼等。每年10月，它们就会结队南迁，在南方气候较温暖的地方越冬。鄱阳湖是天鹅主要的越冬地，常常会有上万只天鹅起落一个湖面，形成像布匹

一样的壮观景象。人们称鄱阳湖为"天鹅的故乡"。

作为国际重要湿地，鄱阳湖的浅滩、沼泽为鸟类提供了大量的食物和栖息的场所，每年一到10月，数以亿计的越冬候鸟来到鄱阳湖，这里无疑成为了鸟类的天堂。

科学家的天堂——亚马逊热带雨林

亚马逊热带雨林位于亚马逊平原上，面积有500多万平方公里，覆盖了巴西40%的国土面积，是世界上面积最大的热带雨林，占地球热带雨林面积的50%。

蜿蜒的亚马逊河和茂密的热带雨林

雨林的地势很低，大部分地方的海拔在150米以下，有的地方甚至接近地平线。

小知识链接

亚马逊平原是世界上最大的冲积平原，位于巴西高原和圭亚那高原之间，面积达560万平方公里。

亚马逊热带雨林地处赤道附近，为热带雨林气候，常年多雨、高温、潮湿，而且世界上流域面积最广、流量最

大的亚马逊河贯穿其中。适宜的气候、肥沃的土壤造就了亚马逊热带雨林丰富的自然资源。这里的物种繁多，生物多样性保存完好，被誉为"世界动植物王国"和"生物学家的天堂"。

亚马逊热带雨林植物种类和数量都相当丰富。据估计，雨林中大约积蓄着8亿立方米木材，约占世界木材蓄积总量的1/5，每平方公里雨林中，不同种类的植物达1200多种。乔木以芸香科、楝科、樟科等树种占优势。在茂密的森林中还有各种经济林木，比如作为优质木材的亚马逊雪松、含油量很高的樱桃果、生产橡胶的三叶胶等。

亚马逊平原的野生动物种类也非常繁多，而且数量丰富。热带雨林中栖息着猴子、树懒、蝴蝶和蝙蝠，亚马逊河中生活着鳄鱼、淡水龟、海牛和各种鱼类等，陆地生活着美洲虎、水豚、红鹿等动物。据估计，亚马逊热带雨林生活着250万种昆虫，1600多种鸟类，2500多种鱼类。亚马逊热带雨林可以称得上是世界上最大的基因库。

亚马逊热带雨林在生态学上的意义也是非常深远的，它对维持生物圈环境的稳定起着至关重要的作用。雨林就像一块巨大的海绵，吸收土壤中的大量水分，然后再通过树木的蒸腾作用使水分蒸发到大气中，这样既能保持生物圈中的水平衡，又能保持水土、涵养水源，还能促进植物的生长。雨林也像一台大型的制氧机和空调机。雨林每天都会吸收大量的二氧化碳，释放出氧气。二氧化碳会使得

地球变暖，冰川融化，海平面上升。因此，雨林可以调节气候，减少污染。

　　近年来，由于过度采伐、开荒耕种等原因，亚马逊热带雨林遭到严重破坏，这不仅会使得森林资源大幅减少，同时还会使全球的环境恶化。

体验探究

　　世界到处都是生物的天堂，牛牛说都说不完了。有什么蛇岛啊，龟岛啊，烟草岛……同学们，赶紧去找找资料吧！还有很多知识等着同学们去学习呢。

牛牛趣味集

极寒之地的精灵——企鹅

　　在"世界寒极"很少有生物生存，但是却有一种极可爱的动物在那里生活。这就是牛牛今天要介绍的主角——企鹅。企鹅是一种大型游禽，不会飞但是会游泳。原来人们叫它肥胖的鸟，后来因为企鹅经常站在岸边仰着头眺望远方，好像

"翘首企盼"的企鹅

有所企盼，以此人们给它起了个优雅的名字——"企鹅"。

企鹅能生活在南极，必须会保温。我们来看看企鹅到底是怎么在那么冷的环境下保温的。企鹅羽毛的密度是其他同体型鸟类的三到四倍，另外，全身的羽毛呈重叠、紧密连接的鳞片状。这样的"羽绒服"，不但不会被海水浸湿，还给企鹅筑起了一道保温的防线。企鹅的皮下有一层厚达2~3厘米的脂肪，虽然这些脂肪使得企鹅看起来十分笨重，但企鹅可不会嫌弃，因为这是它保温的第二道防线。第三道防线是企鹅体内由血管织起来的一张奇妙的网，从心脏流出的血和流回心脏的血温度基本保持不变，使体内的温度能保持不变。最后一道防线就要靠很多企鹅共同完成了。当气温下降到很低时，成千上万只企鹅就会紧紧地挤在一起，形成一床巨大的"保温被"，这样能够防风，保持企鹅群体的温度。有了这四道保温防线，即使再寒冷的天气，企鹅也能生活自如。

在企鹅家族中，雄企鹅可以称得上是"模范父亲"了。在每年的5月份左右，雌企鹅开始产蛋，它们每次只产一枚蛋。当它们产完蛋之后，就会把蛋交给雄企鹅，跑到海里觅食，因为它们在怀孕期间差不

"模范父亲"雄帝企鹅和小企鹅

多都没有进食。接下来孵蛋的艰巨任务就交给雄企鹅了，在气候严寒、风雪交加的季节里，雄企鹅会把蛋放在腹部，不吃不喝地站立两个多月，靠自身的脂肪维持体温。等到小企鹅孵化出来之后，雄企鹅才能稍微动动身子。在雌企鹅回来之后，雄帝企鹅把小企鹅交给妻子，也返回海里去捕食和补补虚弱的身体。

冰火相容之地——欺骗岛

俗话说"水火不相容"，但是在南极洲，却可以看到冰山和火山同时存在的现象，死寂的、凝固的、寒冷的冰山和奔放的、流动的、炽热的火山在这里完美结合，这似乎有点让人难以置信。

余晖下的欺骗岛

南极大陆有两座活火山，那就是欺骗岛上的火山和罗斯岛上的埃拉波斯火山。其中的欺骗岛实际上就是一个火山所形成的小岛，在小岛上可以洗热水澡哦，它是世界上最南端的温泉。这里也因此变成了南极旅游的好地方。

欺骗岛在1967年12月4日再一次喷发了。从海底喷出的

岩浆和浓烟，笼罩了整个岛屿。顷刻间，岛上所有的建筑物被摧毁，挪威的鲸鱼加工厂，智利、阿根廷、英国的科学考察站都化为了灰烬。幸好阿根廷站事先发出了预报，3个科学考察站的工作人员全部撤离了，这次的火山喷发才没有造成人员伤亡。至17日，火山才停止喷发。火山喷发之后的海岛已面目全非，在喷发的地方隆起了一个新的小岛，岛上的考察站被迫关闭，以后也没再重建。

据说岛上的企鹅、海豹等动物在火山喷发前早已逃之夭夭。科学家推测岛上的动物具有能预知火山喷发的能力。如果能研究出这些动物的这种预知能力，将对人类预知灾害起重要作用。

欺骗岛名字的由来有两种说法，有人认为是在20世纪初的某天，南极海域大雾弥漫，几个捕鱼人偶然发现雾中有个岛，可海水一涨，这个岛又不见了，所以称之为欺骗岛。但是有的人认为，欺骗岛这个名字是和1967年的火山喷发有关，人们为了记住这个教训才把这个岛屿的名字改成欺骗岛的。

自然吉尼斯

世界第一大湖——里海

里海是世界上最大的湖，而且是咸水湖。位于亚欧大陆的腹部，西北方向为俄罗斯，东北为哈萨克，东南为土

库曼，西南为阿塞拜疆。里海的湖底深度不同，北浅南深，湖底自北向南倾斜，可以把里海分为三部分：北部、中部、南

里海风光

部。北部一般深4～6米；中部水深170～790米；南部最深，最大深度可达1千多米。

里海的气候是多变的，在里海北部是温带大陆性气候，中部的气候温和，东部为干燥的沙漠气候，南部为亚热带气候。

里海之所以称为"海"主要有两个原因。其一，它比一般的湖要大得多。它的南北长约1200公里，东西平均宽度320公里，湖岸线长达7000多千米。面积约38.6万平方公里，比著名的北美五大湖面积总和还大14万平方公里，甚至比日本的国土面积还要大。其二，湖水是咸的，里海的盐度和海洋的盐度差不多。但是，里海的含盐度分布不均匀。在里海北部有大量伏尔加河和乌拉尔河等河流的淡水汇入，使得北部的含盐度很低，仅为0.2‰。但是南部的含盐度高达13‰。

里海的生物资源丰富，这里的水生动植物和海洋动植物差不多，约有850种动物和500多种植物。主要鱼类有鲟、鲑、鲱、鲈等，也有海豹等海兽栖息。植物有蓝绿藻、矽

藻、红藻和褐藻等。里海以鲟最为著名，每年的捕获量占全世界的80%左右。另外，这里还有丰富的石油资源和矿产资源。

世界最高峰——珠穆朗玛峰

珠穆朗玛峰，位于世界屋脊青藏高原的喜马拉雅山脉上。珠穆朗玛峰是世界上海拔最高的山峰，有"世界之巅"的美誉。它的海拔有8844.43米。

雄伟的珠穆朗玛峰

珠穆朗玛峰，简称珠峰，又意译作圣母峰。西藏神话相传，在青藏高原上住着女神五姐妹，其中住在最高峰的是三姐珠穆朗玛，所以人们叫它"珠穆朗玛峰"或"第三女神"。

作为世界最高峰，珠穆朗玛峰一直以来都是登山爱好者最向往征服的地方。1953年5月29日，新西兰登山家埃德蒙·希拉里和尼泊尔向导丹增·诺尔盖从尼泊尔境内的南坡登顶成功，他们是世界上第一支登顶成功的登山队伍。1960年5月25日，我国的三名登山队员王富洲、贡布和屈银华从崎岖的北坡登上峰顶，这是历史上第一支从北坡登顶的队伍。

据地质学家考证，珠穆朗玛峰在6亿多年前还是一片汪洋大海，经过漫长的时间，印度板块从遥远的南半球漂过来，在此同时，它又因受到欧亚板块反作用力的阻挡，慢慢地被抬高升起，形成了世界第一高峰。而且，珠穆朗玛峰还在不断地升高。

珠穆朗玛峰上植物种类丰富，在我国的北坡，沿坡向上是阔叶林、针阔混交林、针叶林、高山灌丛、高山草甸、高山寒漠、永久积雪等七个植物带。在其中山间有雪鸡、岩羊、藏熊、雪豹等动物。

第三章　无处不在的生物

有一句话叫做"环境改变人"，同学们可能听说过吧。孟母三迁的故事，就告诉我们环境对孩子的成长有很大的作用。牛牛要告诉大家的是，环境不仅可以改变人，而且还可以改变大多数的生物哦。动植物要在大自然中生存下去就必须要学会适应环境，否则就会被自然淘汰。在这一章内，牛牛和大家一起去瞧瞧大自然是怎么改变生物的，生物又是怎样适应环境的。

牛牛大讲堂

自然指挥棒

"物竞天择，适者生存"，这是达尔文告诉我们的自然生存之道。生物在生物圈中生存，选择它们的到底是什么呢？答案是——环境。环境就是选择生物生存的指挥棒，生物只有适应了环境才能生存下去。

这里说的环境和我们平时所说的环境可不一样。这里

所说的环境是指某一特定生物体或生物群体以外的空间及直接、间接影响该生物体或生物群体生存的一切事物的综合。

环境可以分为大环境和小环境，大环境是指地区环境、地球环境、宇宙环境；如西双版纳的环境、三北防护林、太阳黑子等。小环境是指直接影响生物生命活动的近邻环境。如动物洞穴环境、石头下的环境、树荫下环境等。

环境的因素有很多，包括无机环境和与之共存的其他生物都构成了一种生物的生存环境。其中无机环境又包括：光、水、温度、土壤、空气……这些对生物的生长、发育、行为和分布有直接或间接影响的环境因素，又被称为生态因子。生物对这些生态因子都有一定的耐受范围，过高或过低都会影响生物的生长。著名的生态学家谢尔福德认为，任何一个因素只要接近或超过某种生物的耐受极限就会阻碍这种生物的生存、生长、繁殖或扩散。可见，适宜的生存条件将会对生物的生长起关键作用。

牛牛会在接下来的讲堂里，给大家一一介绍这些环境因素对生物的影响。

生命之源

地球上的光主要来自于太阳，正是因为有了光，才存在生命。如果整个地球整天都处在黑暗之中的话，任何生命将不能生存。有光植物才能进行光合作用，将自然界中

的无机物变为有机物，才能将太阳能变为我们能够利用的化学能。可以说光是一切生命之源。光不仅能够使生物生存，还会影响生物的生长，光主要是通过光质、光照强度和光照周期三个方面影响生物的。

牛牛首先来给大家讲讲光质。地球上的光是由波长范围很宽的电磁波组成的。地球上的电磁波的波长范围为数米到1/10000nm。光可分为微波和无线电波、红外线、可见光、紫外线和x射线、γ射线等。不同的光质对动植物的作用是不同的。例如，蓝紫光和青光会抑制植物的伸长并且使植物矮化；红光可以促进叶绿素的形成，增强植物的光合作用；青蓝紫光会使植物向光性更敏感；紫外线能杀菌，但是过强的紫外线会对生物体造成损伤。而在光合作用的过程中，植物吸收的波长范围是不完全相同的。对于一定波长的红外线可能是某些动物的可见光。对于动物而言，有些种类色觉很发达，另一些则完全没有色觉。

小知识链接

植物光合作用达到最大值时的光照强度，称为该种植物的光饱和点。光合作用和呼吸作用相等时的光照强度称为光补偿点。

光照强度是指光照的强弱，以单位面积上所接受可见光的能量来量度。光照强度会直接影响植物的光合作用的

强度，还会影响植物细胞的增长和分裂、组织器官的生长和分化。根据所需的光照强度不同，可以把植物分为阳生植物、阴生植物和耐阴植物。

喜阴植物 —— 蕨类植物

阳生植物需要强光，阴生植物只需要弱光，在强光下难以生存，而耐阴植物处于二者之间。对动物而言，光照强度会影响动物的活动时间。比如大多数鸟类、灵长类动物适应较强光照强度，在白天活动；而像猫头鹰、夜鹭等动物适应较弱的光照强度，在夜间活动。另外，光照还会影响变色龙的体色、昆虫的发育等。

光周期是指昼夜周期中光照期和暗期长短的交替变化。光周期会影响植物的生长发育和繁殖。有的植物日照时间超过一定数值才能开花，它们叫做长日照植物，如冬小麦、油菜、萝卜；有的植物日照时间少于一定数值才能开花，它们叫做短日照植物，如大豆、烟草、棉、麻等；有的植物光照时间与开花无关，它们叫做中性植物，如黄瓜、番茄、蒲公英等。光周期还会影响鸟类的迁徙、鱼类的洄游、动物的冬眠等。

正是因为有了光，才有了大地上的一切生物。正是因为光，才使得大地上的生物多姿多彩！

鸟类迁徙

受光周期影响而进行迁徙的鸟类

鸟类的迁徙是鸟类随着季节变化进行的、方向确定的、有规律的和长距离的迁居活动。迁徙对于鸟类是至关重要的，迁徙不但可以使鸟类到适宜居住的地方躲避严寒和酷暑的天气，还有助于鸟类的繁殖和物种的延续。

但是同学们可要弄清楚了，并不是所有的鸟都会迁徙的哦。根据鸟类的迁徙行为可以把鸟类分为留鸟和候鸟等。而其中的候鸟是具有迁徙行为的，它们每年会在春秋两季往返于繁殖地和越冬地之间。它们在冬季时会飞往越冬地避寒，我们在越冬地称之为冬候鸟。同样的，在夏季将要来临之时它们又要长途跋涉去繁殖地繁殖了，我们在繁殖地称之为夏候鸟。当它们在去越冬地或繁殖地的途中时，我们称之为旅鸟，因为它们正在"旅行"。但是候鸟也有迷路的时候，当它们因为天气或者其他原因，偏离了迁徙路线，出现在了不该出现的地方的话，我们就称它为迷鸟，因为它"迷路"了。

现在牛牛举个例子吧：中华秋沙鸭是一种候鸟，西伯利亚是它的繁殖地之一，而江西省鹰潭市龙虎山风景区是它的主要越冬地之一。假设在11月份有一群中华秋

中华秋沙鸭，上雌下雄

沙鸭从遥远的西伯利亚飞往鹰潭龙虎山风景区越冬，那么这群中华秋沙鸭在龙虎山风景区为冬候鸟。到了第二年4月这群中华秋沙鸭从鹰潭龙虎山风景区飞回遥远的西伯利亚进行繁殖时，那么它们在西伯利亚叫做夏候鸟。它们在迁徙的过程中如果经过安徽，那么在安徽中华秋沙鸭就叫做旅鸟。但是，如果这群中华秋沙鸭在迁徙的途中迷路了，没有飞到江西鹰潭而是飞到海南去了，那么在海南我们称之为迷鸟。现在大家应该明白了吧。

小知识链接

中华秋沙鸭是我国的一级保护动物，是和大熊猫、滇金丝猴等齐名的国宝，目前全世界仅存1000多只。为了更好地保护野生中华秋沙鸭，2010年11月26日，中国野生动物保护协会授予江西省鹰潭市"中华秋沙鸭之乡"的称号。

在迁徙的途中，迁徙的鸟一般会结伴而行，并保持一

呈人字形迁徙的鸟类

定的队形，一般有人字形、一字型和封闭型。这种飞行方式不是单纯的美观哦，它还有更大的用处呢。保持一定的队形可以有效地利用气流，这样鸟类就可以利用气流的浮力，从而减少长途跋涉中的体力消耗。

牛牛趣味集

绝境中求生存的生物

水分是生物生长繁殖所必须的环境因素，任何生物都需要水才能生存。但是，有的生物却有特殊的本领，能在干旱的环境下生存。它们各自身怀绝技能够从容应对恶劣的生存条件，为干旱地带增添了一份生命的色彩。

仙人掌

仙人掌，又名仙巴掌、霸王树、玉芙蓉等，仙人掌主要生活在热带、亚热带干旱地区或者是沙漠地带，能在空气和土壤都十分干燥的地区生存。为了能适应干旱的环境，仙人掌的组织结构发生了很多的变化。

首先，它的叶子变成了短短的小刺，从而减少了水分的蒸发。另外，仙人掌的叶刺化，还能防止其他动物的伤害。

有的同学会问，仙人掌的叶子不是大大的一块吗？其实不然，同学们说的那是仙人掌的茎。

仙人掌

仙人掌的茎和一般植物有很大的差别，它的茎变得肥厚，可以进行光合作用，是制造养分和贮藏养分的主要器官。仙人掌的茎是中空结构，可以贮存大量水分，以适应干旱的生活环境。茎主要是由薄壁的贮藏细胞组成，细胞内含黏液性物质，可保护植株避免水分的流失。

仙人掌的根是纤细的，浅而且分布范围广。这样的结构是为更好地吸收表层土壤中的水分，同时在下雨之后可以尽可能多的吸收雨水，将水分贮存在茎的贮藏细胞内。

小知识链接

细胞是生物体结构和功能的基本单位，有机体生长与发育的基础。除病毒以外，其他生物都是细胞构成的。

正是因为仙人掌有了这些结构，才能在干旱的沙漠环境中生存。

光棍树

光棍树，叶子很少，一般生于当年生的嫩枝上而且很快就会脱落，所以我们看到的光棍树一般都是只有茎没有叶的，"光棍树"也因此得名。又因它的枝

光棍树

条碧绿、光滑、有光泽，所以人们又称它为绿玉树或绿珊瑚。

　　光棍树原产于气候炎热、干旱缺雨、蒸发量十分大的东非和南非。为了适应严酷的自然条件，光棍树的叶子逐渐退化，经过长期的演变，叶子越来越小，逐渐消失。光棍树没有了叶子，就可以减少水分的蒸发，有效地适应生存环境了。光棍树的茎变得肥大，其中还含有白色的乳汁。光棍树不仅能生活在干旱的环境下，而且还能生活在温暖潮湿的地方。在潮湿的环境中会很容易地繁殖生长，而且还有可能会长出一些小叶片呢！生长出的这些小叶片，可以增加水分的蒸发量，从而保持体内的水分平衡。

沙漠大黄

　　以色列的内盖夫沙漠自然条件十分恶劣，降雨稀少，非常干旱。年平均降雨量只有75毫米。但是，在这种恶劣的条件下，却生长着一种奇特的植物——沙漠大黄，这种植

物长着大大的叶子，开着鲜艳的花。

沙漠大黄

以色列海法大学的三位科学家斯姆查·勒夫-亚丹、加蒂·卡齐尔和吉蒂·尼尔曼在这片沙漠里进行植物研究，他们发现了沙漠大黄。这种植物的奇特之处就在于它不像仙人掌等沙漠植物一样，叶片退化成针刺。相反，它长着肥硕碧绿的叶子，开着娇艳欲滴的花朵，结着颗粒饱满的籽实。看起来一点也不像长在沙漠中的植物，反而像并不缺少水分的滋润。

是什么原因使得沙漠大黄长着硕大的叶子却能在沙漠中很好地生存呢？根据科学家的观察和研究发现，沙漠大黄是一种可以自我浇灌的植物。每一株沙漠大黄都长着几片硕大的叶子，这些叶片紧紧地贴着根部向四周生长，在地上摊开一个很大的面积。沙漠大黄叶片表面和一般的叶片表面有很大区别，它的每一片叶面上都是疙疙瘩瘩，

沙漠大黄的叶子

有着各种凹凸不平的纹理，就像是布满了河谷和山脉。另外，叶片表面就像涂了蜡一样，落在叶片上的水会顺着叶片上的纹理毫无保留地流到根部，进行自我灌溉。

根据统计，由于沙漠大黄的自我灌溉系统，它每年可以积聚的水量一般为4.2升，最大可以达到43.8升。它积聚的水量是这一地区其他植物的16倍，这就意味着沙漠大黄积聚的水量相当于地中海气候的植物。沙漠大黄目前只在以色列的内盖夫沙漠才能见到，是那里特有的一种植物。

猴面包树

猴面包树

猴面包树，学名是波巴布树，又名猢狲木，别称猴树、旅人树、酸瓠树。当地居民又称之为"大胖子树"、"树中之象"，因为它的树干很粗，最粗的直径可达15米，需要40个人才能合抱，但是，它的树干却不高，最多只有

20米，就像一个大胖子，因此而得名。猴面包树的果实巨大、甘甜多汁，是猴子们最喜欢的食物，当果实成熟之时，成群结队的猴子们会爬上树，摘果子吃，所以它才叫做"猴面包树"，另外，猴面包树的果实切成片放在火中烤后，还有面包的味道。

猴面包树

猴面包树的树冠巨大，树杈千奇百怪，酷似树根，从远处看就像摔了个"倒栽葱"，人们又称之为"倒立之树"。关于这个还有一个传说呢。传说猴面包树是上帝栽种的，但是栽好之后它总是走来走去，上帝一怒之下就把它拔出来，倒了个个儿，再种到地里去了。

猴面包树分布在非洲大陆、北美部分地区和马达加斯加岛。在马达加斯加岛有着成片的猴面包树林，而且全世界的8种猴面包树在马达加斯加岛全部能够找到，其中的7种是马达加斯加岛所独有的。

猴面包树生长在热带草原，那里的气候常年干燥、湿热。在旱季时降雨很少，为了减少蒸发，它的树叶会脱落，成了光秃秃的枝头。在雨季时，它的粗壮躯干和松软木质就会像海绵一样拼命贮水。据说一株猴面包树能

贮存几千公斤甚至更多的水，可以说是名副其实的"贮水塔"。贮藏的水足够旱季所需。正是因为猴面包树的"脱叶术"和"贮水术"，使得它能在干旱的沙漠中生存。

在沙漠里旅行，只要有猴面包树，你就不必担心。因为猴面包树与生命同在，猴面包树被喜欢在沙漠旅行的人称为"生命之树"。在沙漠旅行，如果口渴，不必动用储备的珍贵的水，只要拿小刀在猴面包树的树干上划一道口子，就有一泓清泉涌出，你只要拿水壶接水就可以畅饮一番了。如果没有储备了，还可以装上一壶带走。

猴面包树的木质又轻又软，完全没有作为木材的价值。但是，聪明的当地居民把树干的中间掏空，就成了非常别致的"自然屋"。这些屋子还可以作为贮水室和贮藏室。据当地人说，在猴面包树做成的贮藏室中贮藏的食物，可以放置很长时间而不会腐烂。

小知识链接

猴面包树的木质部有很多孔，像是多孔的海绵，非常软。可以称得上是外强中干、内柔外刚。

卷柏

卷柏属于卷柏科，蕨类植物，又名九死还魂草、还阳草、不死草、长生草。它是一种多年生草本植物，多生活在干燥的岩石缝隙中或荒石坡上。这种环境十分缺水，水分供

应不足，仅在下雨时有少量的雨水冲过。为了适应干燥的环境，卷柏有着自己的独门抗旱能力。

卷柏凭借着"有水则生，无水则'死'，遇水死而复生"的生存绝技，不仅在大自然中生存下来了，而且还代代相传，繁衍生息。在有水的时候，卷柏

卷柏

枝叶舒展，碧绿秀丽，尽量地吸收水分。一旦失去水分的供应，卷柏的根能自动的蜷曲起来，与土壤分离，枝叶绿色消失，植物整体卷成一团，像枯死一样，随风移动。但是，当它遇到水的时候就会自动地舒展开来，长出翠绿的叶子。像卷柏这样的植物，叫做"复苏植物"，在干旱时就像睡着一样，遇到水后又会重新苏醒。

小知识链接

卷柏不是属于裸子植物纲柏科的植物，而是一种蕨类植物。它没有种子，由大小孢子囊产生孢子，作为繁殖细胞。

日本的一位生物学家，把卷柏做成植物标本，过了11年之后，植物标本遇到了水，它居然又"复活"过来了，长出了嫩绿的叶子，恢复了生机。卷柏的抗旱能力可见一斑。

夜间的刺客

同学们有没有发现一个现象：有的动物是在白天活动的，比如人、马之类的；有的动物是在晚上活动的，比如猫头鹰、夜鹭之类的；而有的动物只在黎明或傍晚出来活动，比如蝙蝠等；还有的动物24小时都能活动，比如田鼠。

到底是什么决定了动物的活动时间呢？据研究，光照强度决定动物开始活动的时间，有的动物适应较强的光照，有的动物则适应较弱的光照。根据光照强度的不同，动物选择不同的活动时间。

接下来，牛牛就给大家介绍猫头鹰这种动物，它是只在夜晚才出来活动的动物。

猫头鹰眼睛周围的羽毛呈辐射状，细羽排列形成脸盘，脸形似猫，所以称为猫头鹰。猫头鹰习惯夜间出行而在白天休息，属于夜行性动物。它们白天常隐匿于树丛中、洞穴里和屋檐下，在这些地方不易被其他动物察觉。如果一贯适应夜行的猫

红角鸮（猫头鹰的一种）

头鹰，在白天活动的话，就会像喝醉酒一般到处乱撞。

为了适应夜间行动，猫头鹰的听觉十分灵敏，它的左

右耳不对称，左耳道明显比右耳道要宽阔，而且左耳有发达的耳鼓。它的听觉神经十分发达，听觉神经细胞明显要比其他的动物要多得多。

其次，猫头鹰的视觉也十分敏锐，尤其是在漆黑的环境中，它的能见度是人类的100倍。但是，猫头鹰是个色盲，由于习惯了夜间活动，它的视网膜中没有锥状细胞，无法辨别颜色。

猫头鹰的羽毛非常柔软，有着极细的绒羽。在飞行时产生的声波的频率极低，一般的哺乳动物根本无法感受到。只要猫头鹰瞄准了目标，就会迅速出击，猎物往往还没有感觉到危险就已经成了猫头鹰的嘴中之食。猫头鹰的听觉在扑食过程中也起到了重要的作用。猫头鹰会根据猎物移动时发出的声响及时地调整方向，最后精确地将猎物捕获。

猫头鹰的分布非常广泛，除了北极地区以外，世界各地都可以见到猫头鹰的踪影。猫头鹰完全依靠捕捉活的动物为食。猫头鹰捕食的猎物种类非常多。它主要以大仓鼠、棕色田鼠等农田鼠类和小家鼠、褐家鼠等居民区鼠类为主食，也吃一些小型鸟类、哺乳类和昆虫，如雀类、莺类、蝙蝠、甲虫、金龟子、蝗虫、蝼蛄等。鼠类一直都是人类的一个大患，不仅每年吃掉大量的粮食，带来了经济损失，还会给人类带来疾病，威胁到人类的健康。猫头鹰是灭鼠的功臣，一只猫头鹰每年可以吃掉1000多只老鼠，相当于为人类保护了数吨粮食。

但是，尽管猫头鹰劳苦功高，都没有留下一个好名声。人们常把猫头鹰当作"不祥之鸟"，称为逐魂鸟、报丧鸟等，当作厄运和死亡的象征。可能是由于猫头鹰两眼又圆又大、两耳直立的长相使人感到惊恐，再加上猫头鹰在黑夜中的叫声凄凉，使人更觉恐怖。"刺客"这个称呼，对于猫头鹰来说最适合不过了。

牛牛问与答

为什么菊花在秋天开花？

在春天，百花齐放、万紫千红、万物复苏，处处洋溢着生命的气息。走在乡间田野上，感受着野花的香味，让人感觉心旷神怡。很多植物都在春天开出鲜艳的花朵来，比如粉红的桃花，洁白的梨花，黄色的油菜花。但是，牛牛发现，菊花却是在秋天开放的，为什么菊花与其他的花不一样呢？菊花看起来很不合群。

菊花

为什么桃花在春季开花，而菊花在秋季开花呢？是什么决定了它们的开花时间呢？

植物开花要求一定的日照时间，

日照时间影响植物的生长发育和繁殖。日照时间超过一定数值才能开花的植物叫做长日照植物，如桃树、油菜、萝卜。日照时间少于一定数值才能开花的叫做短日照植物，如菊花、玉米、大豆等。开花与光照时间无关的植物叫做中性植物，如黄瓜、番茄、蒲公英等。

像桃树这样的长日照植物多在春末夏初开花，而像菊花这样的短日照植物多在秋季开花。因为短日照植物只有在连续较短的日照时间里花芽才能形成或促使花芽形成。即使日照较短，假如随后的暗期短于临界暗期，花芽仍不能形成；或即使给予足够的暗期，但在中途适当的时间进行短时间的光照时，花芽也不能分化。花芽不能形成，植物自然不会开花。

植物开花要求一定的日照长度的特性与其原产地在生长季节里自然日照的长度有关，由于低纬度地区一般比高纬度地区的白天时间短，所以短日照植物一般起源于低纬度地区，而长日照植物则起源于高纬度地区。

日照时间的长短也会影响植物的地理分布，比方在我国南方这些低纬度地区没有长日照植物，只有短日照植物；在我国北方这些中等纬度地区，长日照植物和短日照植物都有；长日照植物在春末夏初开花，而短日照植物在秋季开花；我国东北属于高纬度地区，由于短日照时气温已低，所以，只能生存着一些要求日照较长的植物。

小知识链接

菊花简介

菊花，菊科菊属植物，是经长期人工选择培育出的名贵观赏花卉，也称艺菊、鲍菊。喜凉爽、较耐寒，生长适温18－21℃。在每天12小时以上的黑暗与10℃的夜温条件下适于花芽发育。

菊花有很多品种，其中十大经典名菊为绿牡丹、墨菊、帅旗、绿云、红衣绿裳、十丈垂帘、西湖柳月、凤凰振羽、黄石公、玉壶春。

另外，菊花还有药用和保健价值。主要有散风清热、平肝明目的功效，能用于风热感冒、头痛眩晕、眼目昏花等症。主要用法是泡茶，煎汤，浸酒，或入丸、散。

为什么有些动物到冬天要躲起来

一到冬季，天气就变得格外寒冷，食物也非常匮乏。很多动物在这时就像人间蒸发一样，消失得无影无踪了。比如说，青蛙、蛇、乌龟、蝙蝠、刺猬等。这些动物都躲到哪里去了呢？它们为什么要躲起来呢？

在冬季，某些动物为了适应外界寒冷、食物缺少的不良环境条件，生命活动处于极度降低的状态。这种对环境的适应，称为冬眠。冬眠是变温动物避开食物匮乏的寒冷冬天的一个"法宝"。在冬眠期间，动物的体温可以降低

到接近环境温度，全身处于麻痹状态，全身不动，心跳也变得非常慢，几乎不呼吸，消耗的能量大大减少。在冬眠期间，动物一般不进食，只是消耗自身体内的脂肪来提供能量。冬眠后的体重会比冬眠前的体重少很多。

冬眠的种类分为3种，第一种是蛇及蛙等两栖爬虫类的冬眠，这些动物是变温动物，它的体温随着周围环境温度变化而变化，如果环境温度下降

冬眠的青蛙

则体温跟着下降而进入冬眠状态，其本身是无法进行调节的。第二种为松鼠等恒温动物，其体温基本保持恒定不变，在进行冬眠时，可将自己体温下降到接近周围环境之温度，但为了避免体液在0℃以下结冻，其体温维持在5℃之间。第三种为熊类，熊在冬眠时其体温只下降几度，但能长时间不进食而呈睡眠状态，严格意义上来说，是处于睡眠和冬眠之间。

是什么原因促使动物冬眠的呢？关于这个问题，科学家还没有确切的答案。一些科学家认为，逐渐缩短的白昼是一种冬眠信号，它会导致动物体内发生一些改变，如某些激素水平的变化和季节性变化的生物钟调节，从而进一步促使动物为冬眠做准备，比如脂肪贮存。另外，冬眠地点高浓度二氧化碳的麻醉作用，可能也是冬眠的诱发因素。不同动物冬眠的时间长短不同。当环境温度不断升高

或代谢产物积聚到一定程度时就会产生觉醒信号。冬眠动物开始慢慢升高自己的体温，当体温到达15摄氏度时，肌肉会开始颤抖，进一步暖和身体。胸部和头部等重要器官的温度会比其他身体部位更快地恢复。

牛牛讲故事

桦尺蠖的命运

桦尺蠖属于节肢动物门昆虫纲鳞翅目尺蠖蛾科，因为主要危害桦树，所以称为"桦尺蠖"，成虫又称"桦尺蛾"。

在19世纪中叶之前的桦尺蠖一般都是浅灰色翅膀，而且翅膀上散布着一些黑色斑点。1848年，昆虫学家首次在英国曼彻斯特等工业城市附近采集到了黑色翅膀的桦尺蠖标本。之后，人们采集到的黑色桦尺蠖标本越来越多。到1895年，曼彻斯特附近的桦尺蠖基本上全是黑色的了，而很少见到浅灰色的桦尺蠖。为什么桦尺蠖的颜色会从浅灰色变为黑色呢？是什么原因改变了桦尺蠖的颜色呢？更奇怪的是，某些非工业城市的桦尺蠖并没有改变颜色，仍然保持浅灰色。

在黑色树干（左）和浅灰色树干（右）上的两种桦尺蠖的对比

关于这个现象人们觉得很奇怪。起初，许多生物学家认为，是环境污染物导致桦尺蠖产生了变异，并且这种变异一直遗传给了后代，而在非工业区不存在这种污染物，所以不会刺激桦尺蠖产生变异，仍然保持了浅灰色。

但是，根据后来的生物学家证实，并不是污染物导致桦尺蠖产生变异，而是桦尺蠖的黑色变异是随机产生的，随机的变异总能产生极少数的黑色桦尺蠖。根据科学家的观察发现，在1830年后英国完成了工业革命，变成了工业化国家，曼彻斯特等工业城市的空气污染越来越严重，导致树干上的地衣和苔藓都由原来的浅灰色变成了黑色。而非工业城市的树干仍然是浅灰色的。在工业城市，浅灰色的桦尺蠖在黑色的树干上不易伪装，容易被鸟类等吃掉，而黑色桦尺蠖就不易被鸟类发现，从而存活下来。这样，少量变异的黑色桦尺蠖就会不断积累，数量也就不断地增加，最终几乎都是黑色桦尺蠖。而在非工业城市，浅灰色桦尺蠖在浅灰色的树干上更容易伪装，所以能存活下来，但是黑色桦尺蠖在浅灰色树干上就不利于伪装，容易被鸟类等吃掉。这样，就最终导致在工业城市的黑色桦尺蠖数量不断增加，而在非工业城市的浅灰色桦尺蠖占主要优势。

可见，环境的改变会对生物的生长产生重要的影响，环境的改变甚至可能使得生物灭绝，我们只有保护环境，才能维持整个生物圈的生态平衡。

怕晒太阳的植物

夏天的一个傍晚牛牛去逛公园，走在公园的路上发现路边有的树长得又高又粗，长势看起来真不错呢。公园里的小路就像一条绿色长廊，路两旁的树顶都已经交织在一起了，就像一双双的大手，让人们庇荫纳凉。但是，走着走着牛牛发现有点不对劲了，他发现前面的小灌木丛却大面积的枯死了。牛牛觉得非常可惜，是什么原因使得这片灌木丛的树木大量枯死呢，牛牛决定要彻查到底，找出杀死树木的元凶。牛牛找到了公园的管理员叔叔，叔叔告诉牛牛，这里原来是一片空地，今年刚栽上的树，但是种上没多久树木就开始枯萎了，原来以为是缺水的原因，后来每天浇水也没见好转，反而越来越严重了。

这下牛牛就更加糊涂了，既然不是缺水的原因，那么到底是什么原因呢。牛牛当即就把这种植物的特征记下来，决定晚上回到家好好查查资料。

不查不知道，一查吓一跳。原来这种植物叫做洒金桃叶珊瑚。这种植物喜欢湿润、阴凉的环境，怕阳光暴晒，在阳光的暴晒之下会引起灼伤而焦叶，是一种阴生植物，又叫做喜阴植物。阴生植物只需要弱光，在适度隐蔽下方能生长良好，不能忍耐强烈的直射光线。原来，并不是每一种植物都适合在阳光充足的环境生长的，阳光有的时候也能成为杀死植物的元凶。

洒金桃叶珊瑚是一种非常美丽的阴生植物，它的绿叶

上有一点一点的黄色斑点，就像是金子洒在上面一样，它的名字也因此而来。另外，它还是环境绿化和抗污染的树种呢，它对烟尘和大气污染抗性强。

阴生植物 ——洒金桃叶珊瑚

为了让美丽的洒金桃叶珊瑚重新展现出它美丽的身影，牛牛决定要为公园出谋划策，想一个方法拯救剩下存活的这些植物。经过一晚上的思考，他想出了一个好办法，先用黑色的布覆盖在洒金桃叶珊瑚的上面，给它遮住阳光。然后选择合适的时机把剩下存活的这些植物转移到小路旁的大树下面，最后在这块空地上种上一些阳生植物，这样它们就各得其所了。第二天，牛牛就把这个方案告诉了公园管理叔叔。这个方案得到了公园管理叔叔的认可，很快就开始实施了。

牛牛还要告诉大家的是，除了洒金桃叶珊瑚之外，还

有很多植物也是阴生植物呢。比如说，在井边上经常可以看见的蕨类植物、珍贵的中草药人参、高洁清雅的兰花等等，就等着同学们去发掘咯。

小小科学家

做个驯养员

生物对生态环境的适应是有一定范围的，当这种适应性超过了这个范围，这种生物将不能生存了。人们称这个范围为耐受范围。生物的耐受范围一般都有其低限、高限和最适点，而且每一种生物的耐受范围是不同的，对环境因素适应范围很宽的生物，在自然中分布一般也很广。但是，生物的耐受范围不是一直不变的，通过人为的驯化，可以改变生物的耐受限度。同学们可以来试试做一名驯养员，改变金鱼的耐受限度。

需要什么材料

金鱼4只，温度计2只，鱼缸2个。

我来动动手

1.将金鱼分为2组，每组2只，分别放进2个鱼缸中并标记为1号鱼缸，2号鱼缸。

2.向鱼缸中加水，把温度计插入水中，并维持1号鱼缸的水温为24℃，2号鱼缸的水温为37.5℃。

3.长期保持这两种水温驯化金鱼。

发生了什么？

一段时间后，把两个鱼缸的金鱼各取出1只，放到水温为5℃的鱼缸中。结果1号鱼缸中的金鱼活动更加活跃，更加适应。把两个鱼缸中剩余的金鱼放到水温为40℃的鱼缸中，结果2号鱼缸中的金鱼活动更加活跃，更加适应。

什么原因？

因为两鱼缸的金鱼放到不同的温度下长期驯化，使得两鱼缸中的金鱼的耐受范围发生了改变。据实验，金鱼在24℃和37.5℃两种温度条件下长期驯化后，对温度的耐受范围分别为：5℃～36℃和15℃～41℃。1号鱼缸中的金鱼更适合较低的水温，而2号鱼缸中的金鱼更加适合较高的水温。

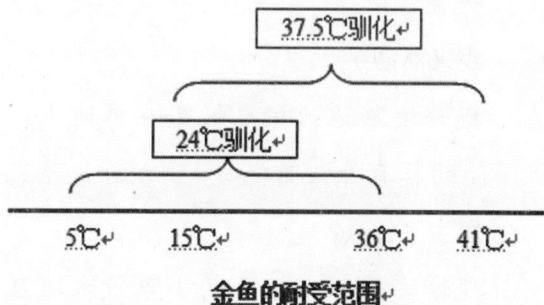

金鱼的耐受范围

给小草染色

阳光是万物之源，如果缺少阳光，地球上的植物将不能生长，生物将不能生存。植物在阳光的照射下能够利用空气中的二氧化碳，产生氧气和制造自身所需的营养物质，这就是人们所说的"光合作用"，植物的光合作用是在植物叶肉细胞的叶绿体中进行的。叶绿体中的叶绿素是

进行光合作用必不可少的物质之一，如果缺少了叶绿素，植物将不能产生营养物质，也就不能生存。因此，叶绿素对植物来说十分重要。另外，小草之所以为绿色，是因为小草的植物体内含有绿色的叶绿素。要改变小草的颜色，就需要把叶绿素去掉。这样，小草就呈现出别的颜色。

需要什么材料

一块木板。

我来动动手

找一块草地，把木板盖在草地上，过几天再来观察木板下面的草有什么变化。

发生了什么？

观察发现，木板下的小草被木板压住了，小草的颜色发生了明显的变化，由原来的绿色变成了黄白色。

什么原因？

小草中叶绿素的形成需要光的作用。把小草放在黑暗的环境下，小草就不能正常形成叶绿素，只含有原叶绿素酯，呈现为黄白色。只有在光的参与下，原叶绿素酯才能转化为叶绿素酯，并进一步形成叶绿素，呈现为绿色。如果把木板去掉，过一段时间后，小草又会恢复到绿色。

但是，某些藻类在黑暗的环境中生存数年仍能保持绿色。研究证实这些藻类不需要光也能形成叶绿素，是叶绿素合成的另一种途径。

第四章　危机重重的地球

人类是生物圈的一员，人类的生存必须依赖大自然，大自然给了我们呼吸的空气，给了我们生存的空间，给了我们食物，给了我们水……如果没有这些，人类将不能生存。在原始社会，人口稀少，人类对自然环境没有什么影响，但是随着社会的发展、科学的进步，人类为了生存下去，就开始不断地改造环境，并在一定程度上破坏了环境。随着工业革命的完成，人类利用和改造环境的规模大幅度扩大。严重的环境污染和生态破坏也随之摆在了人类的面前，大气严重污染，水资源短缺，森林毁灭，物种灭绝，耕地面积骤减……这些都给人类带来了大量的生命和财产损失。

人类的破坏

大气污染

洁净空气是生物圈中所有生物生存所必需的要素。空

气中约含有78%的氮气、21%的氧气以及二氧化碳、稀有气体、水蒸气等。其中，动物活动需要呼吸空气中的氧气，植物进行光合作用需要空气中的二氧化碳。空气中的每一种成分都有相应的量，如果空气中某种气体异常增多或者出现了新成分，进而危害到了人类或其他动物的正常生存，那么就造成了大气污染。而造成大气污染的物质就叫做大气污染物。

目前，人类已知的大气污染物约有100多种。按照其存在状态可以将大气污染物分为两大类：一种是气溶胶状态污染物，主要有粉尘、烟液滴、雾、飘尘、降尘、悬浮物等；另一种是气体状态污染物，主要有以二氧化硫为主的硫氧化合物；以二氧化氮为主的氮氧化合物，以一氧化碳为主的碳氧化合物以及碳、氢结合的碳氢化合物等。另外，大气中不仅含无机污染物，而且还可能含有机污染物。

大气污染的污染来源包括两个方面：分别是自然因素和人为因素两种，自然因素包括森林火灾、火山爆发、地震等产生的氮氧化物和硫氧化物；人为因素包括工业废气、生活燃煤、汽车尾气等。大气污染主要以人为因素为主，尤其是工业生产和交通运输所造成的。

大气污染的危害非常大，大气中的有害气体和污染物达到一定浓度时，就会对人类和环境带来巨大灾难。

首先，大气污染会对人体和健康造成伤害。大气污染

物主要通过三条途径危害人体：一是人体表面接触后受到伤害；二是食用含有大气污染物的食物和水中毒；三是吸入污染的空气后患了种种严重的疾病。

其次，大气污染还会危害生物的生存和发育。大气污染可能会减缓生物的正常发育，降低生物对病虫害的抗御能力，甚至会使生物中毒或枯竭死亡。植物在生长期中长期接触大气的污染，损伤了叶面，减弱了光合作用；伤害了内部结构，使植物枯萎，直至死亡。各种有害气体中，二氧化硫、氯气和氟化氢等对

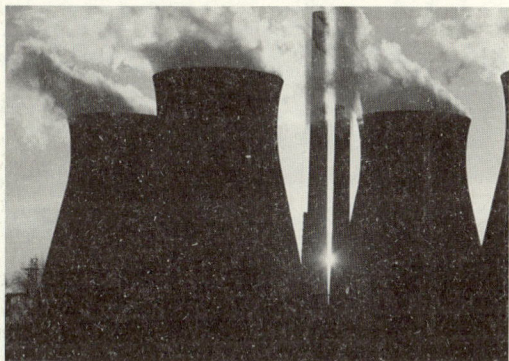

大气污染

植物的危害最大。大气污染对动物的损害，主要是呼吸道感染和食用了被大气污染的食物。其中，以砷、氟、铅、钼等的危害最大。大气污染使动物体质变弱，以至死亡。大气污染还通过酸雨形式杀死土壤微生物，使土壤酸化，降低土壤肥力，危害了农作物和森林。

大气污染不仅仅是某个地区的污染，由于空气的特殊性，大气污染已经超越国界，其危害遍及全球。比如当今社会的几大环境问题：臭氧层破坏，酸雨腐蚀，全球气候变暖，这些都和大气污染有着直接的关系。

水体污染

水是生命的源泉，水的质量直接关系到人类的生命安全。人体内含有大量的水，可以说没有水就没有生命。

地球上的水资源大部分是海水，而淡水资源只占地球水资源的3%，但是这3%的淡水资源并不能完全被人类饮用，其中能直接为人类饮用的仅占0.5%。可见，水资源对人类来说何其宝贵。然而水体污染又是世界上相当普遍并且十分严重的。每年全世界有4200多亿立方米的污水排入江河湖海中，污染了5.5万亿立方米的淡水，造成了世界水资源的短缺。

水体本身具有一定的自我调节能力，可以自我净化。在自身调节范围内，水体可以自行恢复。但是，当水体中的有害物质超出了水体的自我净化能力，破坏了水中固有的生态系统，破坏了水体的功能及其在人类生活和生产中的作用，那就导致了水体污染。

这些有害物质包括农药、重金属及其化合物、有机化学物质、致病微生物、油脂类物质、各种废弃物和放射性物质等。它们主要来源于工业废水、生活废水、农业废水和医院废水。

根据成因不同，水体污染可以分为：自然污染和人为污染。自然污染是指由于特殊的地质或自然条件，使一些化学元素大量富集，或天然植物腐烂中产生的某些有毒物质或生物病原体进入水体，从而污染了水质。人为污染则是指由于人类活动引起地表水水体污染。

从污染的性质划分，可以将水体污染分为物理性污染、化学性污染和生物性污染。物理性污染是水体本身的物理性质发生了变化。比如，水的浑浊度、温度和水的颜色发生改变等。化学性污染是指水体的某些化学性质发生了改变。比如水中溶解氧减少，溶解盐类增加，水的硬度变大，酸碱度发生变化等。而生物性污染是指水体中进入了细菌和污水微生物等。

工业废水

水体污染对人类健康的危害是十分巨大的。城市的工业废水和生活污水直接排放到江河湖泊中，会导致水体变黑、发臭、产生毒素，使得其中的溶解氧减少，鱼类不能生存。化学药剂、农药、除草剂等药剂直接排放到水体，会直接毒死水中的生物，或者化学有毒物质在水生生物中不断积累，致使人食用后中毒。饮用被污染的水同样也会威胁到人类的健康。水体中的汞、铅、镉、镍、砷等对人类的健康有非常大的威胁，这些污染物不会立即产生强烈的作用，而是使人类或其他动物慢性中毒，当积累到一定程度时就会引起病变，但这时往往已经造成了很严重的后果了。据世界卫生组织调查，世界上有70%的人喝不到安全的饮用水，每天有2.5万人由于饮用了被污染的水而得病或由

93

于缺水而死亡。

水体污染不仅对人类健康造成巨大威胁，同时对渔业生产也带来巨大影响。水体污染致使鱼虾大量死亡，或者导致鱼虾畸形、生长延缓，影响鱼类的生长发育。

水体污染

土壤污染

"民以食为天"，我们每天吃的饭、蔬菜都是从地里长出来的。土地是人类的衣食之本。土壤是指陆地表面具有肥力、能够生长植物的疏松表层，其厚度一般在2m左右。土壤能为植物生长发育提供所需要的水、肥、气、热等肥力要素，是植物生长发育必不可少的要素。随着工业的发展、人口的剧增，可耕种的土地大幅度减少，并且土壤也受到了严重的污染。

当土壤中的有害物质过多，超过了土壤的自净能力，就会引起土壤的组成、结构和功能发生变化，微生物活动受到抑制，导致土壤污染。土壤中有害物质主要有四类：第一类为化学污染物，如汞、镉、铅、砷等，过量的氮、磷等，各种化学农药、石油及其裂解产物等；第二类为物理污染物，如来自工厂、矿山的固体废弃物和工业垃圾等；第三类是生物污染物，如带有各种病菌的城市垃圾和由医院等地排出的废水、废物以及厕肥等；第四类是放射性污染物，主要存在于核原料开采和大气层核爆炸地区。

污染物进入土壤的途径是多种多样的。工厂烟囱中排放的废气中含有粉尘，这些带有金属氧化物的粉尘在重力作用下沉降到地面进入土壤。工厂排放的二氧化硫、一氧化氮等气体在大气中形成酸雨，以降水的形式进入土壤，引起土壤酸化。工厂废水中携带大量污染物进入土壤。固体废物中的污染物直接进入土壤或其渗出液进入土壤。另外农药、化肥的大量使用，也会造成土壤污染。其中，最主要的是污水灌溉带来的土壤污染。

土壤污染除导致土壤质量下降、农作物产量和品质下降外，全国每年仅因土壤重金属污染就减产粮食1000多万吨。更为严重的是土壤对污染物具有富集作用，汞、镉等重金属富集到作物果实中，人或牲畜食用后会中毒。广西某矿区因污灌而使稻米的含镉浓度严重超标，当地居民长期食用这种"镉米"后开始出现腰酸背疼和骨节痛等症状。而且被污染的土壤不易恢复，这些土壤不能再作为耕地，只能改作他用，从而大大减少了耕地面积。

为了控制和消除土壤的污染，要加强对工业"三废"

的治理，合理施用化肥和农药，提高土壤的pH，促使镉、汞、铜、锌等形成氢氧化物沉淀。此外，还可以通过施有机肥来减轻土壤污染。

噪声污染

噪声是隐形的杀手，虽然人们看不见噪声，也没有污染物，但是噪声却在影响着我们的生活。在飞机场附近的母鸡不会下蛋；坐火车太久了就容易头晕；突然听到非常刺耳的声音，可能会使人晕厥过去……这些的罪魁祸首即是噪声。

从生物学的观点上考虑，凡是影响人们正常的学习、生活、休息等的一切声音，都称之为噪声。虽然噪声污染看不见摸不着，但是噪声污染也是环境污染的一种。噪声污染、水污染、大气污染、固体废弃物污染被看成是世界范围内四个主要环境问题。

根据声音的频率，噪声污染可以分为：低频噪声、中频噪声及高频噪声。其中低频噪声的频率在400Hz以下，中频噪声的频率在400Hz至1000Hz之间，高频噪声的频率大于1000Hz。频率越高，声音听起来就越尖锐。

噪声污染主要来源于交通噪声：包括机动车辆、船舶、地铁、火车、飞机等发出的噪声。工业噪声：工厂的各种设备产生的噪声。建筑噪声：主要来源于建筑机械发出的噪声。社会噪声：包括人们的社会活动和家用电器、

音响设备发出的噪声、家庭生活噪声等。

噪声污染像其他污染一样，也会影响和危害人体健康。人进入强噪声环境一段时间后，会感到双耳难受，甚至会出现头痛等感觉。若人突然暴露于极其强烈的噪声环境中，听觉器官可能会发生急剧外伤，从而导致人耳完全失去听力。除了对听力造成影响之外，还会给人体其他系统造成伤害。由于噪声的作用，会产生头痛、脑胀、耳鸣、失眠、全身疲乏无力以及记忆力减退等神经衰弱症状。另外，也可导致消化系统功能紊乱，引起消化不良、食欲不振、恶心呕吐等症状，提高肠胃病的发病率。对人们的睡眠也会有一定的影响，降低睡眠质量，导致多梦、易惊醒。噪声容易分散人的注意力，导致人们反应迟钝，容易疲劳，工作效率下降，差错率上升。

为了降低噪声对人们正常生活的影响，可以采取以下几点措施：首先，降低生源噪音，尽量减少发出的噪音；其次，采用吸音、隔音、音屏障、隔振等措施阻隔噪音的传播；第三，受音人自身对噪声的防护，比如带上耳塞、耳罩等。

小知识链接

噪声并不是完全对人体有害，只要合理利用，还能造福人类呢。噪声的利用主要有：噪声除草、噪声诊病、噪音抑制癌细胞的生长速度、噪音测量温度等。

垃圾污染

如今社会，人口越来越密集，所产生的生活垃圾也越来越多，据统计，中国每年产生的垃圾有30亿吨。产生如此巨大的垃圾，如果处理不当，就会侵占土地，堵塞江湖，有碍卫生，影响景观，危害农作物生长及人体健康，形成垃圾污染。

垃圾污染主要来源于工业废渣和生活垃圾。工业废渣主要是工业生产、加工过程中产生的废弃物，包括粉煤灰、钢渣、高炉渣、赤泥、塑料和石油废渣等。生活垃圾主要是厨房垃圾、废纸张、废塑料、金属制品等。此外，还有一些医疗垃圾，主要包括医疗污水、医疗废弃物、一次性输液器具、注射器等，这些物品往往带有病原体或有毒物质，不经处理或处理不当都容易致使传染病扩散和流行。

垃圾污染容易造成水体污染、空气污染和土壤污染。垃圾在堆置或填埋时，会产生大量酸性、碱性物质，生活排放出来的含汞、铅、镉等的废水，渗透到地表和地下，导致地表水和地下水污染，水质恶化，影响水生生物生长繁殖和水资源的利用。

由于焚烧或长时间的堆放，垃圾腐烂霉变，释放出大量恶臭、含硫等有毒气体，产生的粉尘和细小颗粒物，会致使空气中二氧化硫悬浮颗粒物超标，引起大气污染。

中国每年产生的30亿吨垃圾，需要约2万平方米土地用于堆置存放。另外，由于大量塑料袋、废金属等有毒、不易降解的物质直接填埋或遗留土壤中，致使土质硬化、碱化，保水保肥能力下降，农作物减产，甚至绝产，影响农作物质量。

垃圾污染还会威胁到人体健康，垃圾中含有病菌微生物、寄生虫、有毒物质，如果这些物质用来作为农家肥料，人吃了施用这种肥料的蔬菜、瓜果等农作物，就可能使人致病。垃圾污染产生的硫化物、氮化物也容易使人致病。

随着人们生活条件的改善，垃圾越来越多，治理垃圾已经刻不容缓。我们每一个人都应该从小事做起，珍惜资源，做到不浪费，对垃圾进行分类处理，有价值的垃圾要再利用，尽量少使用塑料袋等等。保护环境，从我们身边的点点滴滴做起。

放射性污染

放射性元素能够自发地从不稳定的原子核内部放出粒子或射线，释放出能量，最终衰变形成稳定的元素。这些放射性元素广泛地存在于自然界中，同时也可以人工生产。但是，放射性元素和来自宇宙的射线在自然状态下一般不会给生物带来危害。上世纪五十年代以来，人类对核工业的发展，使得环境中的射线强度随之增强，从而产生了放射性污染。放射性污染直接危及到人类和其他生物的生命安全。

放射性元素对人体的危害是十分严重的。如果人在短

时间内受到大剂量的X射线、γ射线和中子的全身照射，就会产生急性损伤。轻者有脱毛、感染等症状，如癌症患者进行放疗用射线照射，就会产生脱发等现象。当剂量更大时，将出现腹泻、呕吐等肠胃损伤现象。在极高的剂量照射下，人体会发生中枢神经损伤甚至死亡，中枢神经损伤主要有无力、怠倦、无欲、虚脱、昏睡等症状。射线照射能引起人体细胞染色体的变化，被放射性元素照射的人群比平常人更容易患白血病和其他各种癌症。此外，少量累积的放射性照射会损害到人体的内分泌系统、神经系统和生殖系统，增加新生儿畸形的发病率。

放射性污染的来源有以下几点：第一，原子能工业排放的放射性废物、废水和废气。一般来说，原子能工业产生的"三废"排放都是受到严格管理的，对环境影响不大，但是当原子能工厂发生意外，产生的核泄漏对环境就有相当大的危害。第二，核武器产生的放射性元素到大气中，由于重力或雨雪的作用而沉降到地球表面，从而对环境造成影响。比如二战期间，美军在日本的广岛和长崎投放了两颗原子弹，致使几十万人死亡，战后仍有大批幸存者饱受着放射性疾病之苦。第三，医疗、科研造成的放射性污染。

"当心辐射"的标志

电磁污染

随着广播、电视、微波技术的发展，射频设备的使用不断增加，导致地面上的电磁辐射也大幅度增加，目前已经对人体健康构成了威胁。电磁波向空中发射或汇汛的现象，叫电磁辐射。过量的电磁辐射就造成了电磁污染，电磁污染又称频谱污染或电噪音污染。

影响人类生活的电磁污染可分天然电磁污染和人为电磁污染两大类。天然的电磁污染是某些自然现象引起的，比如雷电、火

无处不在的电磁污染

山喷发、地震和太阳黑子活动造成的电磁干扰。人为的电磁污染比如有：切断大电流电路时，瞬变电流很大，会产生很强的电磁；大功率电机、变压器以及输电线等附近形成的电磁干扰；无线电广播、电视、微波通信等各种射频设备的辐射等。

电磁污染会严重影响人体健康。电磁污染会降低男子精子质量，使孕妇发生自然流产和胎儿畸形等，从而影响人的生殖功能；过高的电磁污染还会引起视力下降、白内障等，对视力造成不良影响；高电磁辐射会使血液、淋巴液和细胞原生质发生改变，而且它极可能是造成儿童患白

血病的原因之一。

为了有效地避免电磁辐射，我们可以做到以下几点：第一，各种家用电器、办公设备、移动电话等都应尽量避免长时间操作。手机接通瞬间释放的电磁辐射最大，如果需要长时间接听手机，最好使用分离耳机和话筒。第二，为了避免自己暴露在过量的电磁辐射下，不要把收音机、电视机、电脑、冰箱等家用电器集中摆放，因为这些电器都容易产生电磁波。第三，经常需要使用电脑、手机的人在平时的饮食中应注意多食用富含维生素A、维生素C和蛋白质的食物，加强机体抵抗电磁辐射的能力。

太空污染

仰望天空，我们会感觉太空是干净的，除了其他星球以外什么都没有。但是，自1957年前苏联把全世界第一颗人造卫星送上太空到现在的54年时间里，太空垃圾不断地产生，充斥在整个地球周围，这些太空垃圾就构成了太空污染。

所谓的太空垃圾就是围绕地球轨道的无用人造物体。这些物体是人类在探索宇宙的过程中，被有意无意地遗弃在宇宙空间的。比如说报废的卫星、轨道器、火箭残骸、人造卫星碎片、卫星上脱落的漆片、粉尘等，这些都是太空垃圾。太空垃圾的数量非常庞大，仅仅是在地面上观测到并记录在案的太空垃圾就有超过4000万个，总重量超过3000吨。

　　大家可千万不要小瞧了这些太空垃圾，它们的运行速度极快，可达到每秒钟6000～7000米，比声音传播的速度还要快18倍左右，这么快的速度使得这些太空垃圾具有极高的能量，一个小小的卫星碎片与卫星相撞之后，都能使得卫星爆炸或击毁，而且爆炸产生的碎片又构成了新的太空垃圾。到目前为止，据估测太空垃圾有2.5万块左右，这每一块太空垃圾就像一块块的"定时炸弹"一样，随时都会引爆在太空运行的卫星。

　　这些太空垃圾对航天器的运行、航天员的安全都构成了严重的威胁，但是要清理它们远远比清理地球上的垃圾麻烦多了，科学家们既没有办法把它们从太空中收回，也没有办法使它们在太空中消失。目前的对策就是尽可能地少制造太空垃圾，主动避免太空垃圾的袭击和开发回收太空垃圾的新技术。

　　太空垃圾的出现再次提醒我们：我们在发展的同时必须要首先考虑到它带来的后果。应该尽量保持太空的"干净"，这样才能减少卫星被撞的事故，如果太空中的垃圾过多就会增大相撞的可能性，使得太空垃圾成倍增长。

大自然的报复

　　人类肆意地破坏着环境，砍伐森林、污染水源、大量捕杀……但是，人类不知道这个世界是我们唯一生存的

家园，失去了我们赖以生存的家园，我们将无处容身。大自然是公平的，人类对大自然做的一件件事都会得到"回报"，温室效应、臭氧层空洞、酸雨、土地沙漠化、洪旱灾害、生物资源衰退……这些与其说是大自然的回报，不如说是人类自作自受。

牛牛在这部分就将给大家讲讲大自然的报复，大家要明白，我们虽然要发展，但是不能以牺牲环境为代价。没有了环境，我们连立足之地也没有了，更谈何发展。

温室效应

温室效应是由于太阳短波辐射到达地面后使得地球表面升温，但地表向外放出的长波热辐射却被大气中的温室气体所吸收，这样就使地表与低层大气温度增高而造成的。这些温室气体就像一张巨大的毛毯把地球给包裹起来，起了保温作用。因这和我们栽培农作物的温室相类似，所以称作"温室效应"。温室效应与臭氧层空洞、酸雨构成了世界上的三大环境问题。

温室效应主要是受温室气体的影响。我们通常知道的温室气体是二氧化碳，除了二氧化碳之外，还有一些其他的气体，如氟氯烃、甲烷、低空臭氧和氮氧化物等。其中，最主要的温室气体是二氧化碳。

由于现代工业的发展，过多的煤炭、石油和天然气被燃烧，汽车排放出大量尾气，这些燃料燃烧后会产生大量的二氧化碳气体，使得大气中二氧化碳含量增加。但是，由于森林被破坏，森林吸收二氧化碳的能力大大降低。这样导致二氧化碳逐渐增加，最终温室效应逐渐加重。

被困的北极熊母子

温室效应给地球的影响是巨大的。最直接的就是导致全球变暖，进一步导致地球两极冰川融化，海平面上升，沿海地区被淹没。世界银行的一份报告显示，只要海平面上升1米，就足以导致5600万发展中国家的人民无家可归，沦为难民。位于南太平洋的卡特瑞岛，目前岛上主要道路水深及腰，农地也全变成烂泥巴地。专家预测，过不了几年，卡特瑞岛将被完全淹没在海里，全岛居民迁村撤离势在必行。全球变暖对于生物的影响也是巨大的，尤其是两极的生物。冰川融化导致冰层变薄，生活在两极的动物无法适应环境。北极熊就是最典型的受害者。图片是2009年8月由摄影师埃里克·莱弗朗科拍摄的照片，一对北极熊母子无助地坐在一块不断融化缩小的浮冰上，正在快速远离

陆地，北极熊母亲拼命地保持浮冰平衡稳定，保护受到惊吓的孩子，它们的表情看起来十分悲伤。这张照片再次向人们证明，全球变暖正在毁掉这个世界。

全球变暖导致的冰川融化可能会使被埋藏在冰层的原始致命病毒重新复活，而人类和动物没有对原始病毒的免疫能力，导致极其严重的疫症，人类生命将受到严重威胁。此外，温室效应还会导致气候异常、土地沙漠化等一系列的环保问题。

为了保护我们赖以生存的地球，全球变暖这个问题已经引起全世界的关注。联合国已经倡导"节能减排"，创建节约型社会。在发展工业时，要大力治理大气污染，减少温室气体和有毒气体的排放。此外，还要保护森林、植树造林，使得二氧化碳能够通过光合作用转化为营养物质。

臭氧层空洞

臭氧（O_3）是大气中的一种成分，它具有微腥臭，所以称之为"臭氧"。臭氧层是指大气层的平流层中臭氧浓度相对较高的部分，其主要作用是吸收短波紫外线。过强的紫外线会使人的皮肤出现红斑、痒、水泡等症状，甚至会引起皮肤癌。另外，紫外线还会对人的神经系统和眼睛有影响。比如会出现头晕、头痛、结膜炎、角膜炎、白内障等。因此，臭氧层就像是一把保护伞，包裹着地球，保护地球上的生物不受紫外线所伤。

1985年，英国南极考察队在南纬60°地区首次观测到南极上空出现了臭氧层空洞，就像是天空中破了个洞。臭氧层出现的空洞，对人们的生活产生了巨大的影响。据科学研究发现，大气中的臭氧浓度每减少1％，照射到地面的紫外线就增加2％，人的皮肤癌就增加3％，白内障增加0.6％，另外还会出现免疫系统缺陷和发育停滞等疾病。臭氧层空洞还会对农副产品产生影响。紫外线辐射会使得大米、小麦、棉花、大豆和水果等农作物减产及品质下降，还会杀死海洋中的单细胞海洋生物和鱼卵，从而减少渔业产量。现在居住在距南极洲较近的智利南端海伦娜岬角的居民，已尝到苦头，只要走出家门，就要在衣服遮不住的肤面，涂上防晒油，戴上太阳眼镜，否则半小时后，皮肤就晒成鲜艳的粉红色，并伴有痒痛；羊群则多患白内障，几乎全盲。据说那里的兔子眼睛全瞎，猎人可以轻易地拎起兔子耳朵带回家去，河里捕到的鲜鱼也都是盲鱼。

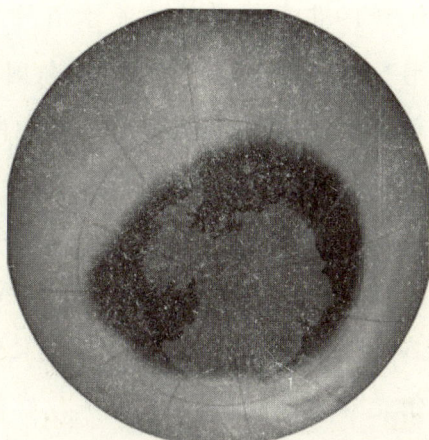

2009年臭氧层空洞

为了引起人们对臭氧层空洞问题的重视和关注，1987年9月16日联合国环境规划署在加拿大的蒙特利尔会议上，通过了《关于消耗臭氧层物质的蒙特利尔议定书》。为了

纪念1987年签署的《关于消耗臭氧层物质的蒙特利尔议定书》，1995年1月23日，联合国大会通过决议，确定从1995年开始，每年的9月16日为"国际保护臭氧层日"。

酸雨

自从工业革命使用蒸汽机开始，人们就一直以煤为主要燃料。随后建立的火力发电厂，燃煤数量日益猛增。但是煤含有少量的杂质硫，在燃烧过程中会产生酸性气体SO_2，燃烧产生的高温还能使得氧气与氮气发生反应，也排放酸性的氮氧化物气体。它们在高空中和水蒸气结合形成酸雨降落到地面。

"酸雨"这个名词最早是由英国科学家史密斯在他的著作《空气和降雨：化学气候学的开端》中提出的。他在1972年分析了伦敦市雨水成分，发现它呈酸性，并称之为"酸雨"。什么是酸雨呢？简单地说，酸雨就是酸性的雨。酸性的大小是以pH值为衡量标准的。pH等于7是中性。pH小于7是酸性的，而且pH越小，酸性越强。被大气中存在的酸性气体污染后，如果pH值小于5.65的雨叫酸雨；pH值小于5.65的雪叫酸雪。

当酸雨直接降入湖水内，或者通过其他途径进入湖泊中会导致湖泊酸化。湖泊酸化容易导致水生植物死亡，鱼卵难以孵化，鱼虾不能生存。另外，酸雨是青蛙和鸟类的天敌，而鸟和青蛙对酸又十分敏感，会使鸟类和青蛙患红眼病。

　　酸雨还会导致土壤酸化。我国南方土壤本来多呈酸性，再经酸雨冲刷，加速了酸化过程。酸雨会降低土壤中氨化细菌和固氮细菌的数量，加速土壤矿质元素的流失，使得土壤变得贫瘠，影响植物正常发育。酸雨还能诱发植物病虫害，使作物减产。

　　酸雨对森林有严重的威胁，酸雨可造成叶面损伤和坏死，早落叶，林木生长不良，以致单株死亡。酸雨还会导致土壤肥力降低，产量下降，造成大面积森林衰退。

　　酸雨还会对建筑、文物和桥梁产生很大的影响。酸雨会腐蚀非金属建筑物，使其表面被溶解，出现空洞或裂痕。沙浆混凝土墙面经酸雨侵蚀后，出现"白霜"，这种白霜就是石膏。另外，有的文物雕塑是石材质，也会受酸雨的严重影响。比如著名的杭州灵隐寺的"摩崖石刻"近年经酸雨侵蚀，佛像眼睛、鼻子、耳朵等都受到严重的损坏。

土地沙漠化

　　由于人类的过度活动，破坏了生态系统的平衡，使得原本的非沙漠地区发生了土地沙漠化，出现了沙漠的景观。土地沙漠化也是世界的一大环境问题。到

土地沙漠化

1996年为止，全球沙漠化的土地已达到3600万平方公里，占整个地球陆地面积的1/4，相当于俄罗斯、加拿大、中国和美国国土面积的总和，而且一直在不断地扩大。

造成土地沙漠化的主要原因是人类对植被的破坏，对森林资源的乱砍乱伐，对草原的过度放牧，导致水循环失衡，出现了干旱现象，土地松散沙化。例如，在我国北方的草原地区或干旱贫瘠地区生长着一种菌类植物——发菜。因其形状如头发，故而得名，但是由于和"发财"谐音，被作为一道菜。为了谋求利益，有大批的人加入了搂发菜的大军当中，直接导致发菜减少。对于脆弱的生态系统来说，这无疑是致命的打击，给生态环境造成了极大的危害，加速了草原沙漠化。据估计，产生1.5～2.5两发菜，需要搂10亩草场，1.5～2.5两发菜的收入为40～50元，即40～50元的发菜收入，破坏了10亩草场，将导致草场10年没有效益。

土地沙漠化对人类的生存有巨大的危害。原本的干旱、半干旱和亚湿润干旱地区的土地退化，变成不宜放牧和耕种的沙漠化土地，大量地缩小了人类的生存空间。1996年6月17日，联合国防治荒漠化公约秘书处发表公报指出，全球现有12多亿人受到荒漠化的直接威胁，其中有1.35亿人在短期内有失去土地的危险。而且土地沙漠化不会自动停止，如果不采取根本措施，反而会加剧发展。

为了治理土地沙漠化这一严重的环境问题，人们研究

出很多方法。具体有以下几点：第一，利用黏土、篱笆、麦草、稻草、芦苇等材料设置沙障，削减风力的侵蚀，阻碍泥沙流动。第二，通过种植植物以阻止沙漠扩张及改善沙漠土地。像我国的三北防护林对防止土地沙漠化扩散起到了非常显著的作用，挽救了大片可耕种的土地。第三，节约水资源，保护沙漠地下水。

肆虐的洪水

洪涝灾害

随着自然环境的日益破坏，近几年来，我国不断发生洪灾，给人民的生命财产带来了巨大的损失。

1998年我国气候异常，长江、松花江、珠江、闽江等主要江河发生了大洪水。全国共有29个省（自治区、直辖市）遭受了不同程度的洪涝灾害，其中江西、湖南、湖北、黑龙江、内蒙古、吉林等省受灾最重。据各省统计，农田受灾面积2229万公顷（3.34亿亩），成灾面积1378万公顷，死亡

4150人，倒塌房屋685万间，直接经济损失2551亿元。

2005年6月，我国南方6省浙江、福建、江西、湖南、广东、广西等地部分地区遭受强暴雨袭击，造成严重洪涝、山体滑坡和泥石流灾害。共有2147.4万人不同程度受灾，因灾死亡164人，失踪68人，紧急转移安置187.3万人，因洪涝灾害造成的直接经济损失173.9亿元。

2010年7月，我国吉林、广东、广西、四川、陕西等省发生了严重的洪涝灾害，造成全国2亿人受灾，1454人死亡，1347.1万公顷农作物受灾，其中209万公顷绝收，136.4万间房屋倒塌，358.1万间房屋损坏，因灾直接经济损失2751.6亿元。

这一组组触目惊心的数据告诉我们，洪涝灾害给我们带来了多么大的损失。为什么近些年来洪涝灾害不断发生呢？其最终原因应该归结于人为的破坏行为。森林是大自然的保护神，它具有涵养水源和保持水土的作用。森林可以通过树冠和地面上厚厚的一层枯枝落叶等物减轻雨水对地面的冲刷，同时枯枝落叶能够吸收水分。另外，森林中林木的树根盘根错节能够很好地把土壤牢牢固定住。人们乱砍乱伐，导致森林被破坏，森林涵养水源的功能消失，森林吸收水分的能力大大降低，导致雨水汇集，洪水泛滥，而且还容易导致山体滑坡、泥石流。

为了防止洪水的肆虐，保护人民的生命财产安全，我们要大力植树造林，保护森林。另外，还可以筑起大坝，

合理有效地利用水资源。

旱灾

干旱对农作物的影响非常巨大，它不但会导致农作物减产、质量下降，而且会导致农作物绝收。近几年来的干旱给国家和人民带来了巨大的损失。

2010年云南陆良县旱灾情景

2005年，华南南部出现严重秋冬春连旱，云南发生近50年来少见的严重初春旱。

2006年，重庆发生百年一遇的旱灾，全市伏旱日数普遍在53天以上，12区县超过58天。直接经济损失71.55亿元，农作物受旱面积1979.34万亩，815万人饮水困难。

2007年，22个省发生旱情，全国耕地受旱面积2.24亿亩，897万人、752万头牲畜发生临时性饮水困难。

2008年，云南连续近三个月干旱，据统计，云南省农作物受灾面积已达1500多万亩。仅昆明山区就有近1.9万公顷农作物受旱，13万多人饮水困难。

2009年，华北、黄淮、西北、江淮等地15个省、市未见有效降水。冬小麦告急，大小牲畜告急，农民生产生活告急。

2010年，我国西南地区云南、广西、贵州、四川、重庆等五个省市发生特大旱灾，导致至少有218万人返贫，经济损失超350亿元。

发生旱灾的主要原因归咎于森林的破坏、沙漠化和水土流失。由于森林被破坏，导致地下水位下降、泉水断流等现象，加上沙漠化和水土流失的日益严重，最终导致干旱。

我们应该积极主动地采取措施治理干旱问题。最主要的就是要治本，保护好生态环境就是根本所在。要严禁滥砍滥伐森林植被，做好退耕还林、封山育林、人工造林工作，保护好森林植被，提高其对水的涵养能力。其次是加快小型水电站的建设。水电站能在雨季时储存水，在旱季时就能把储存的水用于灌溉，既解决了洪水的问题，又解决了干旱的问题。

生物资源的衰退

一直以来，人类认为自己就是地球的主人，人是主宰一切的。于是人类开始按照自己的想法来改造自然，但是殊不知我们的自然同样也是其他所有生物的家园。森林乱砍乱伐，海洋石油肆意开采，有毒烟雾任意排放……人类的这些行为使得我们赖以生存的生态环境遭到了严重的破

坏，人类付出了惨痛的代价。但是，无辜的生物却承受着人类带来的恶果。它们因为人类的行为而受到了不该有的惩罚，它们的数量正在逐渐减少。

世界上动植物灭绝的速度正在不断地加快。在远古时代，500年才会有一种兽类灭绝。但自20世纪以来，四年就有1种哺乳动物灭绝，是正常灭绝速率的125倍，而且这一趋势还在加剧。在"国际自然与自然资源保护同盟"的资料中，自从1850年以来，已经有超过75种鸟类和哺乳动物灭绝。现在全世界有超过2500种植物和1000多种动物正处于濒临灭绝的危险之中。

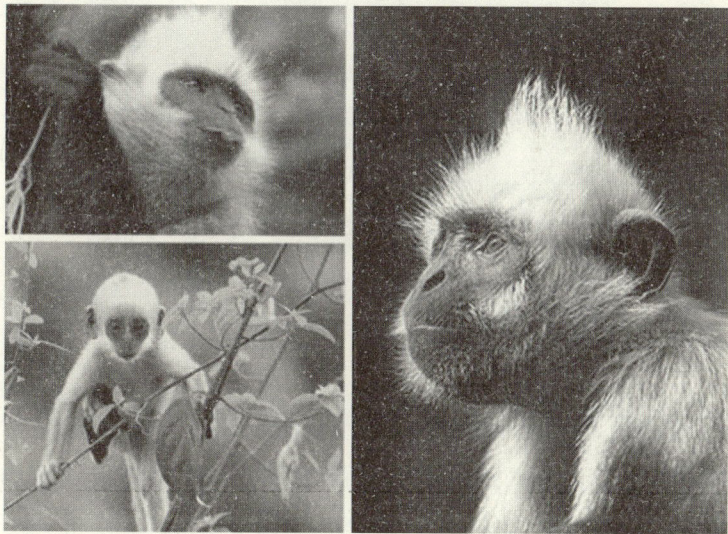

濒危的白头叶猴

2010年，国际野生生物保护学会公布了一份名为《最珍稀的珍稀动物(The Rarest of the Rare)》的报告，列举了12种最濒临灭绝的动物，在过去10年间，它们中有些动物的

数量大约减少了80%。它们分别是古巴鳄、佛罗里达戴帽蝙蝠、绿眼蛙、格林纳达鸽、亨氏羚羊、岛屿灰狐、苏门答腊猩猩、小头鼠海豚、白头叶猴、罗默小树蛙、普氏野马。

根据2010年9月28日世界自然保护联盟等机构在英国皇家植物园发布的一份报告显示，全球有超过五分之一的植物物种有灭绝危险，其中灭绝危险最大的是苏铁等裸子植物。在全世界范围内濒临灭绝的植物有光叶蕨、篦齿苏铁、苏铁、金花茶、玉龙蕨、水韭、银杏、百山祖冷杉、银杉等两千多种。

银杏的树叶和果实

为什么生物资源的衰退会如此迅速呢？首先是生态环境的破坏。人类对森林的乱砍滥伐，这样生物就没有适宜生存的环境了，或者适宜生活的环境范围越来越小。其次是杀虫剂等有毒物质的使用和污染的加重，杀虫剂的使用对动物，尤其是昆虫等动物威胁严重。第三是肆意捕杀，由于人类的大量捕杀，使得某些珍稀物种迅速减少。

八大公害事件

由于环境的污染，在二十世纪发生了触目惊心的八次轰动世界的环境事件。这八次事件在短时间内造成了大量的发病和死亡。人们称这些事件为"八大公害事件"。现在回想起来仍让人心有余悸，但是，我们不能将这些事件忘记，它们用无数的死亡来告诉我们一个事实——地球是人类唯一的家园，只有保护好家园，人类才能在地球上更好地生存。

马斯河谷事件

1930年12月1日至5日，在比利时马斯河谷工业区发生了一起大气污染惨案，这起惨案虽然不是最严重的一次事件，但是却是20世纪最早记录的大气污染惨案。

事件发生在比利时境内沿马斯河24公里长的一段河谷地带，也就是马斯河谷位于列日镇和于伊镇之间的部分。马斯河谷地区是一个狭窄的盆地，两侧的高山约为90米。在河谷上分布着许多重型工业工厂，比如炼焦厂、炼钢厂、电力厂、

马斯河谷事件

硫酸厂、化肥厂等。

1930年12月1日至5日这段时间里，马斯河谷的气候出现了反常的持续逆温现象和大雾，本来马斯河谷就处于盆地地区，加上出现的反常天气，使得河谷内工业区中的13个工厂排放的污染物弥散不开，不能和周围的空气相通，最终在大气中积累到有毒级的浓度。据检测，当时在大气中二氧化硫的浓度约为25～100毫克/立方米。

小知识链接

逆温现象是指气温随着高度的升高而增加的现象。出现逆温现象的大气层称为逆温层。由于较暖而轻的空气在上面，较冷而重的空气在下面，上下空气不会相互流动，形成一种极其稳定的空气层。逆温层就像一个大锅盖一样，盖着整个大地。

本次事件历时5天，有毒气体在大气层中越积越多。从第三天开始，在二氧化硫和其他几种有害气体以及粉尘污染的综合作用下，河谷工业区有上千人发生呼吸道疾病，他们的症状主要是：流泪、喉痛、声嘶、咳嗽、恶心、呕吐、呼吸短促、胸口窒闷等。这次事件造成了一周之内63人死亡，其中死者大多是年老或有慢性心脏病与肺病的患者。许多家畜也未能幸免于难，纷纷死去。根据后来的尸检报告，致死的原因是刺激性化学物质损害呼吸道内壁。

　　事件发生以后，虽然有关部门立即进行了调查，但一时不能确认致害物质。有人认为是氟化物，有人认为是硫的氧化物，其说不一。后来，科学家对当地工业区中工厂排放出的各种气体和烟雾进行了研究分析，排除了氟化物致毒的可能性，认为硫的氧化物是主要致害的物质。空气中存在的氧化氮和金属氧化物微粒等污染物会加速二氧化硫向三氧化硫转化，加剧对人体的刺激作用。

　　虽然，这次事件与地理条件和气候条件有一定的关系。但是，主要原因还是马斯河谷工业区内工厂大气污染物的排放。

多诺拉事件

　　在1930年马斯河谷事件发生的18年后，在美国宾夕法尼亚州的多诺拉发生了和马斯河谷类似的大气污染事件。

　　多诺拉是美国宾夕法尼亚州匹兹堡市南边

多诺拉事件

30公里处的一个工业小镇，多诺拉位于孟农加希拉河的马蹄形河湾内侧。沿河是狭长平原地，两边的山丘高约120米，把小镇夹在山谷之中。多诺拉的小镇上集中了硫酸厂、钢铁厂、炼锌厂等工厂，这些工厂常年向空气中排放出刺鼻

的二氧化硫气体。这些气体使得多诺拉的空气有种怪味，当地的居民对这种怪味已经习以为常了。

在1948年10月26日至31日，气候潮湿寒冷，天空阴云密布，风力十分微弱，大多数时间无风。空气也很少有上下的垂直移动，整个空气处于一种比较稳定的状态。工厂排出的废气基本上被封闭在山谷之中，无法流通。逐渐的，大气中的烟雾越来越厚重，空气中散发着刺鼻的二氧化硫气味，接着小镇中约6000人突然发病，其中65岁以上的超过60%，主要症状为咽喉痛、流鼻涕、咳嗽、头痛、胸闷、呕吐、腹泻等。死亡人数达到17人，死者的年龄都是介于52岁到84岁之间，并且这些死者原来都患有心脏或呼吸系统疾病。

导致多诺拉事件发生的原因主要有三点：其一是小镇上工厂排放出的含有二氧化硫等的有毒气体和金属悬浮颗粒物，使大气受到严重污染；其二是由于小镇地处山谷之中，周围都被高高的山丘挡住，导致有毒气体无法向四周扩散；其三是当时大雾弥漫、潮湿无风的天气，导致有毒气体无法垂直移动。三个原因导致有毒气体在小镇上空不断积聚，最终发生此次事件。

此次灾难对小镇影响非常巨大，灾害后的很长一段时间里，小镇上的人们都难以完全恢复以前的生活水平，而且历时十多年，当地的死亡率依然高于相邻城镇。

洛杉矶光化学烟雾事件

洛杉矶位于美国西南海岸，西面临海，三面环山，是个阳光明媚、气候温暖、风景宜人的地方。但是，就是在这个风景秀丽的城市发生了震惊世界的光化学烟雾污染事件。

原本风景秀丽、适宜生活的洛杉矶自从1943年开始，就逐渐变了样。人们发现在夏季到早秋的这段时间里，只要是晴朗的日子，洛杉矶的天空就会弥漫着一种浅蓝色烟雾，使整座城市上空变得浑浊不清。这可不是一种简单的烟雾，它会使人眼睛发红、咽喉疼痛、呼吸憋闷、头昏、头痛。随后的几年里，这种

光化学烟雾

烟雾不但没有消失，反而更加肆虐，影响范围更加广泛。在城市100千米以外的海拔2000米高山上的大片松林也因此枯死，柑橘减产。因为呼吸疾病而死亡的人数不断增加，到1955年，因呼吸系统衰竭死亡的65岁以上的老人增加至400多人。1970年，约有75%以上的市民患上了红眼病，其原因也是这种烟雾。

这种可怕的烟雾到底是怎么产生的呢？它的主要成分

是什么呢？20世纪40年代初期的洛杉矶市是美国的第三大城市，拥有飞机制造、军工等工业，汽车也逐渐地普及开来。由于当时的技术还不纯熟，石油等燃料不能完全被燃烧，因此每天要向大气中排放大量的烯烃类碳氢化合物、一氧化碳和二氧化氮等未完全燃烧的汽车尾气。这些尾气排放到大气中后，在强烈的紫外线照射下，会吸收太阳光中的能量，使得它们发生光化学反应，生成一种由过氧乙酰基硝酸酯等组成的浅蓝色剧毒的光化学烟雾。

这些物质会使人们患有呼吸道的疾病，同时还会引起人们的红眼病，当时的光化学烟雾事件使得75%以上的市民患了红眼病。

光化学烟雾可以说是由于工业发展、城市拥堵而造成的。产生光化学烟雾的主要原因就是汽车排放的尾气。随着技术的不断发展，人们在改善城市交通、改进汽车燃料燃烧技术等方面得到了很大的发展。

伦敦烟雾事件

在1930年的马斯河谷事件发生之后的第二年，曾有人无意说过："如果这一现象在伦敦发生，伦敦公务局可能要对3200人的突然死亡负责"。可惜这话却不幸言

伦敦烟雾事件

中。在22年后的1952年，伦敦果然发生了4000人死亡的严重烟雾事件。

但是实际上，伦敦在1952年之前就发生过十多起大大小小的烟雾事件。伦敦最早的一次有毒烟雾事件可以追溯到1837年2月，至少200名伦敦市民死于那次事件。

1952年12月5日，伦敦出现了逆温现象，整个城市处于高气压的中心，空气像凝固了一般，垂直和水平的空气均静止了，丝毫没有流动的迹象。12月的伦敦正是冬季，居民生活取暖主要以煤为主，更关键的是，伦敦市区烟囱林立，绝大多数的工厂

伦敦烟雾事件

都是以煤为燃料，这些工厂昼夜不停地向空中排放着大量二氧化碳、一氧化碳、二氧化硫、粉尘等气体与污染物。其中的粉尘表面会吸收大量的水蒸气，使得烟雾凝聚，形成了浓雾。另外，粉尘中的三氧化铁成分会使得烟雾中的二氧化硫转化为三氧化硫，进而形成硫酸烟雾，这种酸雾，对人的呼吸系统有很强的刺激作用。

有毒烟雾排放出之后，一直积聚在伦敦上空，引发了连续数日的大雾天气，人们走在大街上，都无法看清自己的双

脚，公共汽车白天都要打着大灯缓缓前行，大批航班也不得不取消。空气中充满着"臭鸡蛋"气味，居民普遍感到呼吸困难。从5日到9日，这短短的五天时间里，烟雾带走了4000多人的生命，这也就是震惊世界的"伦敦烟雾事件"。

在9日之后，天气有所变化，有毒烟雾也慢慢地散去了。但是，事情还没有结束。在那之后的两个月里，不断有人死于呼吸系统的疾病，据统计，人数有将近8000人。

经过这次事件之后，政府和民众都意识到控制大气污染的重要性，并于1956年通过了《净化空气法》，该法对工业和民用烟雾排放进行了限制。20世纪60年代之后，随着太阳能、天然气等清洁能源的推广和重工业的减少，英国的烟雾污染大大降低。

四日市哮喘事件

四日市位于日本东部海湾，这里原来生活着25万人，主要是纺织工人。但是，由于这里近海临河，交通方便，又是京滨工业区的大门，所以这里被一些资本家看中，用来搞石油工业开发。

至此以后，石油工业在此大力发展。1955年，第一座炼油厂在战前盐滨地区旧海军燃料厂的旧址上建成，成为了四日市石油化学工业的基础。之后在午起地区建有电厂和午起联合企业，午起地区是四日市北部填海造地形成的工业区，这样就形成了三大石油联合企业。围绕着三大石油联合企业

周围逐渐发展出三菱油化等10多个大厂和100多家中小企业。这里变成了日本重要的"石油联合企业之城"，同时也变成了名副其实的严重污染之城。这里变得臭水横流、臭气熏天、噪声震耳。

四日市位置（紫色部分）

这些石油工厂给人们带来了滚滚财源，但是同时也悄无声息地带来了巨大的灾难。四日市的水产因为工业废水直接排入伊势湾而受到严重影响。但是更为严重的远远不止这些。因为废气的排放使得大气污染，导致人们患上一种严重的公害病，那就是"四日市哮喘病"，很多人因为此病而痛不欲生。1961年，四日市哮喘病大发作；1964年，有毒烟雾三天不散，致使一些哮喘病患者在痛苦中死去；1967年，一些哮喘病患者因不堪忍受疾病的折磨而自杀；1972年，四日市哮喘患者达817人，死亡超过10人。

是什么导致他们患病的呢？主要是由于石油冶炼和工业燃料产生的废气。这些废气中含有二氧化硫、一氧化碳和有铝、锰、钴等重金属的粉尘。这些重金属粉尘与二氧化硫形成烟雾，这些微小的重金属粉尘烟雾会随着人的呼吸侵入到人体肺泡当中，逐步削弱肺部的排污能力，进而引起支气管炎、支气管哮喘以及肺气肿等许多呼吸道疾

125

病，甚至会导致肺癌的发生。如果人一旦离开这种大气污染的环境，病症就会得到缓解。

由于日本的各大城市使用的工业燃料都是高硫重油，这种油中含有较多的硫，经燃烧后就会生成二氧化硫，在空气中蔓延。据了解，在日本的横滨、川崎、岩国、名古屋等城市都有四日市哮喘病的患者。

米糠油事件

1968年3月，在日本的九州和爱知县等地发生了很奇怪的现象，有几十万只鸡突然死亡，而且每只鸡的头部和腹部都十分肿胀。之后在1968年6月到10月，在日本的福岛县又有13名原因不明的皮肤病患者先后到九州大学附属医院就诊。这些患者具有眼睑浮肿、眼结膜充血、指甲发黑、肌肉疼痛、四肢麻木、食欲不振、肝功能下降等症状。而且更加奇怪的是，这些患者有明显的家庭集中性，他们来自四个家庭。随后确诊的325名患者也是来自112个家庭，这更加有力地说明了该病症的家庭集中性。这起事件就是震惊世界的米糠油事件，又有人称它为火鸡事件或多氯联苯事件。

事件发生后不久，日本卫生部门就成立了专门的机构调查此事。经过解剖分析，在死者尸体五脏中和患者的皮下脂肪中发现了多氯联苯。多氯联苯是一种人工合成的有机物，它的化学性质非常稳定，不易燃烧而且绝缘性能良好，所以它在工业上多用来做热载体、绝缘体和润滑剂。但是，它属于致癌物质。它不易溶于水，却易溶于脂质。进入人体之后容易累积在脂肪组织中，造成脑部、皮肤及内脏的疾病，并影响神经及免疫系统的功能。具体的表现症状是嗜睡、全身无力、食欲不振、恶心、腹胀腹痛、肝肿大等。这种物质不容易被分解，因此可以通过食物链不断富集在生物体内，最终被人所食用，导致人体患病。

米糠油事件波及到日本的28个县，使得当时的日本民众陷入了恐慌之中。后来经过调查，发现是由于九州大牟田市一家粮食加工公司食用油工厂，在生产米糠油时，为了降低成本追求利润，使用价格便宜的多氯联苯作为脱臭工艺中的热载体；又因为工厂生产管理不善，使得有毒的多氯联苯混进了米糠油中。于是，随着这种有毒的米糠油销售各地，使得使用了有毒米糠油的人发生了中毒甚至死亡的现象。另外，在生产米糠油过程中产出的副产品作为家禽饲料售出，使得大量家禽因此死亡。

多氯联苯是一种污染范围非常广的有毒物质。目前，很多国家已经禁止生产和使用多氯联苯了。

水俣病事件

1953年，在日本熊本县水俣湾附近的猫身上发现了一种奇怪的病，这里的猫步子不稳、抽搐、麻痹，就像在跳舞一样，因此称为"猫舞蹈症"。更不可思议的是，这

里的猫不但会跳舞，而且还会跳海自尽，这里的猫也被称为"自杀猫"。同样也是在这里，人也出现了相类似的症状，得了这种"怪病"的患者出现口齿不清、步履蹒跚、面部痴呆、手足麻痹、感觉障碍、视觉丧失、手足变形等症状。更为严重的患者出现精神失常，有的时候酣睡，有的时候兴奋，直至死亡。

到了1956年，这种"怪病"再次席卷该地。有96人得了同样的病，其中有18人死亡，在这里生活的4万居民中先后有1万多人在不同程度上患上此病。这一消息引起

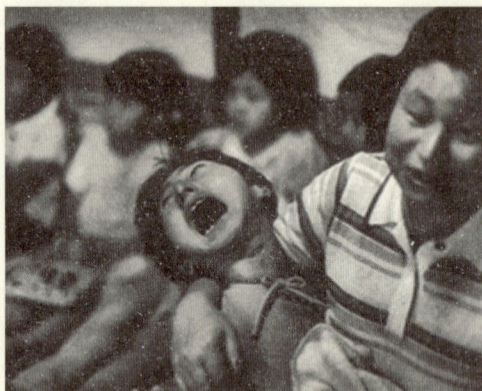

水俣病的受害儿童

了社会的广泛关注。随后，以日本熊本国立大学医学院为主，组成了医学研究所对此事进行研究。综合猫和人的发病情况，研究人员终于找到了致病的根源，并作出了研究报告，研究报告证实，致病的根源就在于这里的居民长期食用了八代海水俣湾中含有汞的海产品。因为此病发生在日本熊本县的水俣湾附近，所以称之为"水俣病"。

根据调查，1925年，日本氮肥公司在水俣湾附近建厂，后来在这里又开设了合成醋酸厂。1949年后，这个公司开始生产氯乙烯，年产量不断提高，但是工厂没有对产生

的污水做任何处理，就直接将废水排放到水俣湾中去了。醋酸厂在生产醋酸的过程中采用氯化汞和硫酸汞两种化学物质作催化剂。氯化汞和硫酸汞最后会全部随废水一起排入到水俣湾内，并且大部分以沉淀的形式堆积在湾底的泥中。这两种催化剂本身虽然也有毒，但毒性不是很强。然而它们沉在海底之后会被一种细菌作用，变成毒性非常强的甲基汞。长期生活在水俣湾附近的鱼虾贝类就容易被甲基汞所污染，使得这里的鱼虾贝类的体内含有高浓度的甲基汞。据测定这些海产品中含汞量已超过正常可食用的50倍，居民长期食用此种含汞的海产品，甲基汞就会随之进入到人体内，并迅速聚集在人的脑部，粘着在神经细胞上，使得人体患有神经系统方面的疾病。

水俣病对人的影响非常巨大，日本水俣湾附近的人们仍然受到水俣病的困扰。这主要是由于水俣病有遗传性，孕妇食用了被甲基汞污染的海产品后，很有可能会引起婴儿患先天性水俣病，即使是受到轻微伤害的孕妇产出的婴儿有时也难逃厄运。

在第二次世界大战之后，虽然日本的工业和经济得到了迅猛的增长，但是由于缺乏对环境的保护，导致工业污染和公害病的出现，使得日本也付出了巨大的代价。我们要谨记日本的教训，在发展工业和经济的同时，要保护好环境。

骨痛病事件

在横贯日本中部的福山平原有一条神通川，这里的水注入到富山湾中。沿岸的人们世世代代以这条河里的水为饮用水源，并且用神通川里的水浇灌两岸的稻田。这条神通川可以算得上是两岸居民的母亲河了，是关系到河流两岸人们的命脉水源。

1955年，在神通川流域两岸出现了一种怪病，患者最初只是腰、背、手、脚等各关节疼痛，随后就遍及全身，有针刺般痛感。数年后骨脆易折，甚至呼吸都会带来难以忍受的痛苦。到了患病后期，患者骨骼软化、萎缩，出现严重的畸形，骨质松脆，就连咳嗽都能引起骨折，最后衰弱疼痛而死。在患病期间由于疼痛无比，病人常常会大声叫"痛死了！"，有的人甚至因无法忍受痛苦而自杀。"骨痛病"因此而得名。

经过调查分析，原来是因为在神通川上游的铅锌冶炼厂，才导致了人们患上此病。在神通川上游的神冈矿山建成了铅锌冶炼厂，但是冶炼厂长期将没有处理的废水排入神通川，而这些废水中含有镉。两岸的农民引河水来灌溉农作物，使得两岸的农作物被镉污染。农作物中不断地积聚镉，当人体食用了利用废水灌溉的农作物或饮用了河水后，镉就会在人体内不断积累。当达到一定量的时候就会引起镉中毒。

镉是对人体有害的一种化学元素。自然界中的镉元素

含量并不高，不会对人体造成任何危害。但是，铅锌矿、电镀、有色金属冶炼以及用镉的化合物作为原料的工厂排出的废水或废物中就会含有大量的镉，如果这些废水和废物没有经过处理就排入环境中会造成镉污染。镉会通过食物链进入到人体内，最终引起镉中毒。

镉进入人体后，就会使肾脏中维生素D的活性受到抑制，进而妨碍十二指肠中钙结合蛋白的生成，干扰在骨质上钙的正常沉积。缺钙又会使得肠道对镉的吸收率增高，加重骨质软化和疏松，形成恶性循环。另外，关节、韧带等联系各个骨块的结缔组织主要由胶原蛋白和弹性蛋白组成，有润滑、保护、强化的功能。镉会影响骨骼胶原蛋白的正常代谢，使得骨骼结缔组织的形成出现问题。正是因为镉影响了人体对钙的吸收，导致人体的骨骼非常容易骨折。

我国的镉污染也不容忽视，据调查显示我国现在约有10%的大米中的镉含量超标，长期使用这种"镉米"的人们就容易患上骨痛病。因此，我们必须高度重视镉污染问题。

第五章　拯救家园

　　我们都知道，人类不是生活在地球上的唯一生物，还有千千万万种生物和人类共存在这个生物圈当中。人类只是这个生物圈的一份子，我们和动物是平等的，我们在自己生存的同时也要给其他的生物留下一片天地。工业的发展给我们带来了巨大的经济效益，使得整个社会得到了巨大的发展。但是，同时也给我们带来了严重的环境问题，我们所生活的环境越来越糟糕，很多动物也失去了它们的栖息之地、容身之所。人们渐渐地意识到了这个问题的严重性，开始着手改善我们的环境，拯救我们的家园。牛牛希望我们的环境能够越变越好，也希望大家能参加到保护环境、拯救家园的队伍中来，共同营造美好的生活环境。

濒危的伙伴

　　人类的社会不能缺少其他生物，离开了它们我们将无法生存。它们给我们提供了丰富的资源和宝贵的财富。

动物为我们提供了大量的食物、药材和一些皮革等工业原料。植物为我们提供了食物、燃料、药材以及一些工业原料和建筑材料。这些都是和我们的生活密切相关的。同时，这些生物又构成了我们复杂的生态系统，生态系统的平衡关系到整个生物圈的命运。试想，如果有一种植物在地球上消失了，那么以这种植物为食的昆虫就将死亡，以这种昆虫为食的鸟类也会消失，鸟类的消失同样会对其他的生物产生影响。各种生物就是通过食物网相互联系在一起的，如果一种生物消失就会引起一系列的连锁反应，产生严重的后果。

另外，丰富多彩的动植物是一个庞大无比的天然"基因库"，有了基因库能为我们培育新品种提供原料。有的动植物已经在这个地球上生存了很长一段时间了，它们被称为"活化石"，比如说大熊猫、扬子鳄、水杉、银杏等。这些"活化石"对我们研究物种的起源和进化有着重要的科学意义。

现在许多动植物已经永远地离开了我们，而且有大量的动植物正在慢慢离我们远去。因为我们断绝了它们的"粮食来源"，剥夺了它们的栖息地。现在，保护野生的动植物已经受到国际社会的广泛关注，让我们来认识一些正在离我们远去的伙伴吧。

中国国宝——大熊猫

大熊猫是我们家喻户晓的一种珍稀动物，应该算是世界上最珍贵的动物了，数量十分稀少，是我国特有的动物。因为它温顺的性格、憨态

刚出生的大熊猫幼崽

可掬的形象和可爱的模样受到全世界人们的喜爱。

但是，你知道吗？大熊猫原来可不是叫"大熊猫"，而是叫做"猫熊"。为什么会叫成了熊猫呢？这里是有一个什么故事吗？1939年，重庆的平明动物园举办了一场动物标本展览，其中就展出了"猫熊"的动物标本，当时的"猫熊"动物标本最受参观者的注意，在展出标本前的标牌上采用国际书写格式，注明了中文名和拉丁名，中文名是自左往右横写着"猫熊"两字。但是，当时人们的习惯读法是从右往左读，报刊在报道中也就把"猫熊"误写为"熊猫"。"熊猫"一词流传之后，人们也就习惯了，只得将错就错。但是，它是属于熊科动物，仅仅是长相有点像猫而已。

大熊猫主要分布在四川、陕西、甘肃等省份的一系列高山深谷地带，包括秦岭、岷山、邛崃山、大相岭、小相岭和大小凉山等山系。大熊猫是一种喜湿性动物，它们活动的区域多在坳沟、山腹洼地、河谷等地，这些地方往往土壤肥沃，森林茂盛，箭竹生长良好，能为大熊猫提供一个气温相对较为稳定、隐蔽条件良好、食物资源和水源都很丰富的栖息环境。

目前，全世界范围内大约仅有1600只大熊猫存活。大熊猫的四肢粗壮，身长约为1.5米，体重可以达到100～180公斤，大熊猫一般是黑白色的，一对八字形的

成年大熊猫

黑眼圈就像戴了一副墨镜似的，非常惹人喜爱。也有少量的大熊猫是白色的或是棕色的。

大熊猫的祖先是食肉动物，但是，大熊猫的主要食物是山林中的50多种竹类，它们喜欢吃竹子的嫩茎、嫩芽和竹笋，因为这些部分是最有营养而且含纤维素最少。它们偶尔也会开一次荤，捕捉竹林中的竹鼠美餐一顿，或是吃一些动物的尸体。它们的栖息地中一般要有两种竹子，当一种竹子开花死亡之后，还有另一种竹子维持生活。

大熊猫的交配季节是在每年春季三至五月份，怀孕期大约为5个月。在野外，偶尔会有孪生的情况出现，但是雌性熊猫一般只喂养一只幼崽。在分娩前，雌性个体就会着急去寻找树洞或是洞穴作为"产房"，刚出生的大熊猫

幼崽非常小，通常只有90～130克，大概只有熊猫妈妈重量的千分之一。熊猫幼崽在妈妈的细心照顾下会逐渐成长起来，等到五六个月大的时候熊猫妈妈就会教它爬树、游泳、剥竹子等基本生活技能，大熊猫幼崽一直和母亲在一起生活到一岁半左右，直至母亲再次怀孕。如果这时候母亲没有怀孕，幼崽还会和母亲一起生活到两岁半，这时母亲就会将它赶走。独立之后，大多数的幼仔在母亲的附近居住，但是，有一些雌性大熊猫会远离出生地。

导致大熊猫濒危的原因主要有几个方面：其一，之前捕捉了过多的大熊猫，致使大熊猫数量急剧减少；其二，大熊猫的数量增长非常缓慢，一个世代大概需要12年时间，即使是保护很好的情况下，要恢复大熊猫的数量也需要几十年时间；其三，由于人类活动范围不断扩大，使得大熊猫的栖息范围不断缩小，大熊猫被迫退缩于山顶。山顶竹种单一，一遇竹子开花，将无回旋余地。1975年岷山地区箭竹开花，死亡大熊猫数量达138只以上；80年代邛崃山冷箭竹大面积开花，死亡大熊猫数量141只。

小知识链接

世界自然基金会（WWF）与大熊猫

世界自然基金会（WORLD WIDE FUND FOR NATURE，缩写WWF）是在全球享有盛誉的、最大的独立性非政府环境保护组织之一。自1961年成立以来，WWF一直致力于保护世界生物多样性，确保可再生自然资源的可持续利用，推动降低污染和减少浪费性消费的行动。

WWF标志

世界自然基金会会旗的图案就是大熊猫。1961年，当WWF酝酿成立之时，当时的组织者就认为一个具有一定影响力，同时又能克服语言障碍的标志是非常必要的。后来，由丹麦斯科特亲王画的一只可爱的大熊猫得到了人们的一致认同。后来有评论家说，黑白二色的大熊猫，是上帝精心设计的卡通形象，我们抄袭了上帝的杰作，仅此而已。

水中大熊猫——白鳍豚

白鳍豚又叫做白暨豚、白旗。白鳍豚已存在有2500万年，是我国长江流域特有的鲸类动物，但是这种动物的数量却非常小，属于国家一级保护动物，同时，也被列为世界级的濒危动物，是世界上12种最濒危的动物之一。由于白鳍豚的数量非常少，所以被称为是"水中的大熊猫"。现在的白鳍豚比大熊猫还要濒危，已经处在灭绝的边缘了，属于"功能性灭绝"。

白鳍豚的身体呈纺锤形，身体大约有2~2.5米左右，体

重可以达到200公斤，它全身皮肤裸露无毛，具长吻，喜欢群居，它的背为浅灰色或是蓝色，腹面为白色。白鳍豚属于哺乳动物，不属于鱼类，它没有鳃，是通过肺来进行呼吸的。白鳍豚的视听器官严重退化，但是它的声纳系统却非常灵敏，它是通过声纳系统在水中探测和识别物体。

白鳍豚主要分布在长江中下游及与其连通的洞庭湖、鄱阳湖、钱塘江等水域中，喜欢在水深急流的地方活动。白鳍豚一般在江河的深水区生活，很少靠近岸边和船只。人们通常很少有机会看到它，除了在它浮出水面进行呼吸的时候。

上世纪80年代初期，长江中下游尚有400多头白鳍豚。

1986年，约有白鳍豚300头。

1990年，白鳍豚数量不足200头。

1995年，白鳍豚数量不足100头。

1997年，仅发现23头白鳍豚，其数量少于50头。

1998年，发现白鳍豚数量只剩下7头。

2002年，人工饲养的白鳍豚"淇淇"死亡。

2006年，由中国、美国、英国、日本、德国和瑞士等六国近40名科学家对长江中下游进行考察，未发现1头白鳍豚。

从这一组触目惊心的数据中，我们似乎感受到白鳍豚正在离我们越来越远，要逐渐地消失在我们的视野中了。

说到白鳍豚就不得不说"淇淇"了。

孤独的"淇淇"

1980年1月1日，对于武汉水生所来说是一个不寻常的日子，水生所迎来了当时在洞庭湖口被渔民误捕的"淇淇"，那时的"淇淇"只有两岁，脖子上还有被大铁钩子钩上岸时留下的两个深深的大洞。"淇淇"住在水生所为它建的一个大池子里，成为了第一头人工饲养的白鳍豚。随着时间的推移，"淇淇"已经成为了一个"大小伙"了。于是研究人员开始给"淇淇"找伴儿。但是，为它找的两头雌性白鳍豚"珍珍"和"联联"都由于某些原因死亡了，随后水生所又开展了几次捕捞，均以失败告终，最终没有使得白鳍豚家族兴旺起来。2002年7月14日，24岁的"淇淇"最终还是离开了我们，当时在场的很多人都黯然落泪。"淇淇"走后就再也没有看到过活的白鳍豚了。

陈佩薰老人是国内最早研究白鳍豚的专家，她说："做研究这么多年，研究来研究去，以为能兴旺发达的，最后竟然研究没了。就跟养孩子一样，养了二十多年，孩

子都快长大成人，却突然把孩子养丢了。"

2006年，由中国、美国、英国、日本、德国和瑞士等六国近40名鼎鼎大名的国际鲸豚类科学家利用最先进的设备对长江流域的白鳍豚进行考察。考察前，科学家们悲观预计白鳍豚的数量不超过50头。但是，考察期间竟没有发现一头白鳍豚。考察结束后，悲伤的国外科学家宣布，"白鳍豚可能已经灭亡"。此次考察的目的之一，就是希望找到白鳍豚之后，将它们送进保护区进行迁地保护，但遗憾的是，已经找不到可以迁地保护的白鳍豚了。

但是，按照科学规定，只有五十年内不见的物种才可断定真的灭绝了。严格意义上来说，还不能真正断定白鳍豚已经灭绝。虽然所有人都不愿相信白鳍豚已经灭绝了，但所有人都不得不承认，奇迹已经难再现，白鳍豚可能真的已经灭绝了。

中华之魂——华南虎

华南虎是中国所特有的虎亚种，又被称为中国虎、厦门虎等。华南虎的四肢粗大有力，尾巴较长，全身橙黄色并布满了既短又窄的黑色横

重庆动物园中的华南虎

纹，体侧还常出现菱形纹，胸腹部杂有较多的乳白色。

目前，在我国已经基本上找不到野生华南虎了，仅仅是在各地动物园或繁殖基地里人工饲养着100余只。华南虎是我国的国家一级保护动物，1996年被国际自然保护联盟列为极度濒危的十大物种之一。

华南虎主要生活在森林山地之中。多单独生活，不成群，多在夜间活动，嗅觉发达，行动敏捷，善于游泳，但不善于爬树。华南虎吃新鲜肉，主要以野猪、鹿类等有蹄类动物为食，但是雄性华南虎可能会攻击较大型的猎物。因为华南虎处于食物链的最顶端，需要的食物量非常大。一般来说，一只老虎的生存至少需要70平方公里的森林，而且森林中必须有足够多的动物。

华南虎一般是4岁左右性成熟，并开始繁殖后代，最佳繁殖年龄为4～13岁。华南虎的怀孕期为103天左右。产仔后的母虎不会马上进行繁殖，而是等幼虎生长到1～2岁时，才再次进行繁殖。华南虎的一生只能繁殖4～5胎，平均每次可以产下2～3头幼虎，有的体质好的母虎1胎能产4头幼崽。

华南虎曾经广泛分布于华东、华中、华南、西南的广阔地区，以及陕西、陇东、豫西和晋南的个别地区。但是，现在在野外已经几乎无法找到野生华南虎了。华南虎的濒临灭绝，主要责任在于人类的大量捕杀。在建国初期，野生华南虎的数量还是非常可观的，有4000多头。当时，政府宣布华南虎为"四害"之一，除虎如同剿匪，还

组织专门的打虎队,对华南虎赶尽杀绝。1959年2月,林业部颁发的批示里,把华南虎划为有害动物,号召猎人"全力以赴地捕杀";1962年9月,国务院颁布指示保护和合理利用野生动植物资源,列出19种动物为严禁捕猎动物,华南虎被排除在外。然而,国际社会似乎更担心华南虎的命运。1966年,国际自然与自然资源保护联盟就已经在《哺乳动物红皮书》中将华南虎列为濒危级。1977年农业部终于将华南虎从黑名单转移到红名单。据估计,到1981年,野生华南虎大约只剩下150只到200只。1986年4月,在美国举行的"世界老虎保护战略学术会议"中急忙把华南虎列为"最优先需要国际保护的濒危动物"。到了1989年,我国颁发的《中华人民共和国野生动物保护法》终于将华南虎列入国家一级保护动物名单。对于这一濒临灭绝的物种来说,合法的生存权似乎姗姗来迟。因为从此之后,野生华南虎从人类的世界完全消失,再也没有人看到过野生华南虎了。1996年,联合国国际自然与自然资源保护联盟发布的《濒危野生动植物国际公约》将华南虎列为第一号濒危物种,列为世界十大濒危物种之首,最需要优先保护的极度濒危物种。

2007年10月,陕西省镇坪县山区猎人周正龙拍摄了一组据称为野生华南虎的照片。这一消息很快传播开来,轰动全国,乃至世界。但是,最终查明周正龙拍摄的这组照片属于伪造。为此,周正龙也受到法律的制裁。

孑遗物种——扬子鳄

扬子鳄的体型比较小，是世界上体型最细小的鳄鱼品种之一。一般只有1.5米长，很少超过2米的。因为扬子鳄的外貌非常像"龙"，所以俗称"土龙"或"猪婆龙"。扬子鳄的吻短而纯圆，是现存两种钝吻鳄之一，另外一种是生存状况非常好的美国钝吻鳄。扬子鳄的外鼻孔位于吻端，具活瓣，因此它的鼻孔可张开可闭合。另外，它的眼有眼睑和膜，所以扬子鳄的眼睛也可张开可合闭。

扬子鳄

身体外被革质甲片，腹甲较软，有两列甲片突起形成两条嵴纵贯全身。身体背面为灰褐色，腹部前面为灰色，自肛门向后灰黄相间，尾侧扁。初生小鳄为黑色，带黄色横纹。扬子鳄是爬行动物，前肢有五指，指间无蹼；后肢有四趾，趾间有蹼。这些结构使得它既适应在水中也适应在陆地生活。

远在两亿年前，是爬行动物的天下，由于自然环境

143

的变迁，恐龙灭绝了，但是鳄鱼却顽强地坚持繁衍至今，其中，扬子鳄也一直延续到今天。至今还可以在扬子鳄身上找到恐龙等爬行动物的许多特征。所以，人们称扬子鳄为"活化石"。它既是古老的，又是现在生存数量非常稀少、世界上濒临灭绝的爬行动物。研究扬子鳄对人们研究了解古代爬行动物的兴衰、古地质学和生物的进化有着重要意义。

扬子鳄主要分布在中国安徽、浙江、江西局部地区等长江中下游地区。其中，安徽宣城建有世界上唯一的扬子鳄保护区——宣城扬子鳄国家级自然保护区。

扬子鳄每年的10月钻进洞里开始冬眠，等到第二年四五月份左右才出来活动，到了6月上旬，扬子鳄在水中进行交配，体内受精。到7月初，雌鳄开始用杂草、枯枝和泥土在合适的地方建筑圆形的巢穴以供产卵使用。7～8月份产卵，卵产在草丛中，上覆杂草，母鳄则守护在一旁，孵化期大约为两个多月的时间。小扬子鳄的性别是由孵化温度来决定的，温度高于34℃时孵出雄性，温度低于30℃时孵出雌性。而温度在31-33℃之间，则雌性为多数雄性为少数；如果孵化温度低于26℃或高于36℃，则孵化不出扬子鳄来。扬子鳄在孵化时大多在适宜孵化雌性的气温条件下，这就造成了雌多于雄的情况。

扬子鳄主要栖息在湖泊、沼泽的滩地或丘陵山涧长满乱草蓬蒿的潮湿地带，主要以鱼、蛙、田螺和河蚌等作为食物。如今，浅滩大多被开垦为农田，干旱和水涝频繁发生，破坏了扬子鳄栖息地的环境，使扬子鳄栖息范围正在不断地缩小。同时，多年来扬子鳄遭到大量捕杀，洞穴被人为破坏，蛋被捣坏或被掏走。而化肥农药的使用使得水生生物大大减少，造成扬子鳄的"粮食短缺"。据调查，1983年仅发现野生扬子鳄500条。由于人们的积极保护，扬子鳄的数量有所回升，目前扬子鳄的数量已超过10000条。

植物熊猫——银杉

银杉，是三百万年前第四纪冰川后残留下来并繁衍至今的植物，是中国特有的世界珍稀物种，属于国家一级保护植物，被植物学家誉为"植物熊猫"。银杉是常

银杉

绿乔木，高达24米，胸径通常达40厘米；树干通直，树皮暗灰色，裂成不规则的薄片；银杉雌雄同株，雄球花通常单生于2年生枝叶腋，雌球花单生于当年生枝叶腋；银杉的叶为线形叶，呈螺旋状排列，辐射状散生。在线形叶背面有两条银白色的气孔带，在阳光照射下银光闪闪，因此叫做"银杉"。

银杉

银杉主要分布于中亚热带，生于中山地带的局部山区，银杉喜光，在荫蔽的林下，会使得植株生长发育不良，甚至导致植株的死亡。所以一般会适当择伐部分生长较快的阔叶树种，以防银杉陷入灭绝的危险。另外，银杉适宜在石灰岩、页岩、砂岩发育而成的黄壤或黄棕壤等微酸性土壤中生长。

1955年夏季，我国的植物学家钟济新带领一支调查队到广西桂林附近的龙胜花坪林区进行考察，发现了一株外形很像油杉的苗木，后来又采到了完整的树木标本，他将这批珍贵的标本寄给了陈焕镛教授和匡可任教授，经他们鉴定，认为这就是地球上早已灭绝的、现在只保留着化石的珍稀植物——银杉。1979年以后，在广西、湖南、四川和贵州四省十县又发现了三十余处分布点，共有1000余株。这些银杉分布不集中，一个分布点上最多的可达到几十株，最少的仅有一株。

根据现有的化石可以判断，早在2亿年前，银杉曾经广泛的分布于北半球的欧亚大陆。但是300万年前的第四纪冰川浩劫使得很多植物都遭受到灭顶之灾。但是，由于中国南部的低纬度区，地形复杂，阻挡着冰川的袭击，中国的冰川比较零星，大多是山麓冰川，加上河谷地区受到温暖湿润的夏季风影响，冰川活动被限制在局部地区，这种得天独厚的自然环境，使得很多古老的植物在这里得以保留下来。另外，这里地处偏僻的山区，人烟罕至，几乎没有受到人为的干扰。

目前，在广西花坪和四川金佛山建立了以保护银杉为主的自然保护区，开展了银杉的繁殖试验和引种工作。在城步县沙舟洞银杉保护区，生长着58株枝壮叶茂的银杉树，其数量之多在国内外均属罕见。虽然银杉受到了格外的保护，但是生长在森林里随时都可能受到火灾的威胁，为了使得银杉永久长存，城步县保险公司和林业部门对这片保护区进行了可行性调查，制订了周详的保险条款和保险防灾措施，为58株银杉办了火灾保险。

植物活化石——水杉

1943年，我国植物学家干铎（duó）、王战教授在四川万县等地考察时，在磨刀溪路旁发现了三棵从未见过的奇异树木，其中最大的一棵高达33米，胸围2米。当时谁也不认识它，无法确定它是什么树。到了1946年，经我国著名植物分类学家胡先骕（sù）先生和树木学家郑万钧先生共同研究，证实了它就是亿万年前在地球大陆生存过的水杉，从此，植物分类学中就单独添进了一个水杉属，水杉种。

这一消息曾轰动了全世界，在此之前，科学家们只在古代地层里发现过水杉的化石，认为水杉在地球上早已灭绝，正是因为这点，水杉又被称为植物界的"活化石"。

水杉

水杉属于杉科水杉属，是一种高大的落叶乔木，整棵树呈现为宝塔形。它的树皮灰褐色或深灰色，脱落时会裂成条片状。水杉为雌雄同株，每年2月开花，果实11月成熟。叶子呈线形，交互对生，非常柔软，几乎无柄，叶片上面中脉凹下，下面沿中脉两侧有4~8条气孔线。叶子春夏季节是碧绿的，秋后金黄色，初冬时为棕红色，非常秀美。

小知识链接

雌雄同株指具单性花的种子植物其雄花和雌花生于同一植株。雌雄同株又分两种：第一种，雌蕊与雄蕊分在两种（朵）花上，这种叫单性花；第二种，雌蕊与雄蕊分在一朵花上，这叫两性花。

水杉耐寒性强，耐水湿能力强。多生长于山谷或山麓附近地势平缓、土层深厚、湿润或稍有积水的地方。主要是生长在酸性土壤中，在轻的盐碱地也能够生长。

自从1943年发现水杉之后，学者陆续在其他地区发现了水杉。1948年，中国的植物学家在湖北、四川交界的利川市磨刀溪发现了幸存的水杉巨树，树龄约400余年。后来在湖北利川市水杉坝与小河发现了残存的水杉林，胸径在20厘米以上的有5000多株。随后又相继在重庆石柱县冷水与湖南龙山县珞塔乡发现200～300年以上的大树。当今世界上最大的水杉林在湖北潜江广华寺境内，而最大的水杉要数在湖南龙山县珞塔乡发现的两株水杉了，他们高达46米，其中一株胸径4米，另一株胸径为3.7米。

目前，我国特有的水杉已经遍及世界，有50多个国家和100多个研究机构先后从我国引种栽培，并且取得了成功。水杉有着"活化石"的美誉，它对于古植物、古气候和地质学等方向上的研究有着重要的意义。此外，水杉还是优质的建筑材料，其心材紫红，材质细密轻软，是造船、建筑、桥梁、农具和家具的良材，同时还是质地优良的造纸原料。

中国鸽子树——珙桐

1860年，32岁的法国神父大卫来华当传教士。他借传教的机会，在北京等地进行了三年的植物采集，带回了大

珙桐

量标本。1868年他第二次来华，从北京出发，在第二年的春天到达四川青衣江上游的宝兴地区。在那里，他第一次见到从未见过的美丽树木——珙桐，被树上的一群可爱的"白鸽"深深地吸引住了。后来，西方植物学家在给珙桐确定拉丁名时，就用"大卫"这一姓氏作为它的属名，珙桐也因此成了以外国人名字命名的中国树。

珙桐是一种古老的孑遗植物，也是我国一级重点保护植物中的珍品，仅有一属一种。自从大卫发现了珙桐以后，不断地有外国人到中国来采

珙桐花

集珙桐种子。珙桐也在国外逐渐多了起来，不仅出现在一些国外著名植物园，而且也出现在街头巷尾，甚至进入了普通居民的庭院，成了世界闻名的园林观赏树木。

珙桐为落叶乔木，树皮深灰色，片状脱落。叶互生，集于枝顶，叶子边缘粗锯齿。最具特色的是珙桐的花，珙

桐开花时，中间暗红色的花序就像鸽子的头，而两片大苞片，似展翅飞翔的鸽子，因此被誉为"中国鸽子树"。当花盛开之时，微风拂过，就像满树的鸽子振翅欲飞。

它主要分布在我国的西南和华中的深山老林之中，比较喜欢阴湿的环境，在干燥多风、日光直射的条件下，容易生长不良。它不适宜在贫瘠的土地中生长，但能较好地在中性或微酸性的土壤中生长。

珙桐是万年前新生代第三纪留下的孑遗植物，能够为我们研究古植物的生长与发展提供有力的证据。为了保护珙桐的生长，国家已把珙桐列为一级保护植物，并在珙桐的分布区中建立了自然保护区。

珙桐不仅是我国特有的一种珍稀名贵观赏植物，同时珙桐树木材质沉重，是制作家具和作细木雕刻的上等材料。

在我国珙桐出产地，还流传着一些美丽的传说。古代一位名叫白鸽的公主爱上了纯朴善良的青年农民珙桐。残暴的国王知道后，大发雷霆，马上派人将珙桐抓到山中杀害了。公主知道了这一噩耗，不顾父亲的反对，奔到珙桐被害处痛哭不止，忽然在公主面前长出了一棵枝繁叶茂的大树，公主立即化为白鸽飞上了树冠，成了树上的花朵。

自然保护区

建立自然保护区是一种保护现有自然资源最常见的且

行之有效的方法。自然保护区不仅仅可以保护某些珍贵动物资源，还有一些其他作用。比如，以保护珍稀孑遗植物及特有植被类型为目的的自然保护区，以保护自然风景为主的自然保护区和国家公园，以保护特有的地质剖面及特殊地貌类型为主的自然保护区，以保护完整的综合自然生态系统为目的的自然保护区。

自然保护区具有保护自然本底、贮备物种、开辟科研教育基地等作用。另外，还能适当开发旅游资源，为人们带来经济收益。

世界上最早建立的自然保护区是美国的黄石国家公园，中国第一个自然保护区是建立于1956年的鼎湖山自然保护区。

黄石国家公园

黄石国家公园占地8956平方公里，诞生于近两百万年前的一次火山爆发，位于有"美洲屋脊"称号的落基山脉上。1872年3月1日，它被正式命名为保护野生动物和自然资源的国家公园，是美国设立最早、规模最大的国家公园，它以保持自然环境的本色而著称于世。

黄石国家公园有世界上最大的间歇泉集中地带，全球一半以上的间歇泉都在这里。在黄石国家公园中遍布着大量的间歇喷泉、温泉、蒸气、热水潭、泥地和喷气孔。黄石公园的热喷泉为世界之最，人们统计出有3000多处温泉、泥泉和300多个定时喷发的间歇泉。这些地热奇观是世界上最大的活火山存在的证据。

幻境般的黄石国家公园　　　　　布满活火山的黄石国家公园

　　黄石国家公园蕴藏着大量的动植物资源。黄石公园总面积的85%都覆盖着森林，其中绝大部分树木是扭叶松，黄石国家公园中植物面临的最大灾难便是森林大火。正是因为山火肆虐，使得很多植物都没能长久的生存。但扭叶松却凭借它顽强的生命力，不仅生存下来，而且逐年扩大自己的领地。这是因为扭叶松有抵抗火灾的法宝——它的种子。扭叶松的树皮很薄、很脆，而且易于燃烧，一旦发生火灾，它和其他树木一样难以逃脱。但是，它却用坚固而紧闭的松果将种子储藏起来。这种松果被树脂所包裹，需要113℃的高温才能溶化。大火只能烧掉松叶和薄树皮，很多松果只是表面被烧焦了，大火过后，种子就会从松果中崩裂出来，在被大火烧尽的地面上萌芽。大火不仅不能把扭叶松烧掉，反而会为种子的萌芽提供空间和养料。每次大火之后，扭叶松都能向更远的领地开拓。

　　而一些其他的植物因为不能抵抗山火吞噬，在每次大

火之后，树木和种子都会被大火无情地消灭。正因为此，它们也被赶出了容易发生大火的地区。

黄石国家公园还是美国最大的野生动物庇护所和著名的野生动物园。灰熊、灰狼、麋鹿、白尾鹿、美洲野牛、羚羊等2000多种动物在这里繁衍生息。

其中最著名的要数美洲野牛和灰狼了。野牛曾经蔓延整个美洲大陆。但是，由于人类的大量猎杀，使野牛几乎绝种。到19世纪末，美国境内仅有位于蒙大拿州的国家野牛保护区及黄石公园还有少数的野牛生存，总数不过一百多头。目前，黄石公园是野牛唯一的住所。

灰狼是野牛的天敌，60多年以前，黄石公园的高原和丘陵地带，栖息着很多的狼群。人类为了保护濒临绝种的野牛，而且狼的名誉本来就不好，所以，大量狼群被驱除或射杀。没有了狼，野牛又开始大量的繁殖，后来公园又不得不人为引进灰狼来控制野牛的数量。

鼎湖山国家级自然保护区

鼎湖山国家级自然保护区是我国第一个自然保护区，主要保护对象为南亚热带地带性森林植被类型——季风常绿阔叶林及其丰富的生物多样性。鼎湖山国家级自然保护区位于广东省肇庆市鼎湖区，距离广州市西南100公里，总面积约1133公顷，最低海拔高度14.1米，最高海拔高度1000.3米。

1956年6月30日，由秉志、钱崇澍、杨惟义、秦仁昌、陈焕镛等5位著名科学家在第一届全国人大三次会议上提出的关于"请政府在全国各省（区）划定天然林禁伐区保存自然植被以供科学研究的需要"的提案获得通过。由国务院交林业部会同中国科学院、森林工业部研究办理，将鼎湖山确定为"国家自然保护区"。

鼎湖山国家级自然保护区

保护区内生物多样性丰富，是华南地区生物多样性最富集的地区之一，被生物学家称为"物种宝库"和"基因储存库"。

保护区地处热带北缘、亚热带南缘，温暖湿润的季风气候，使这里保存并繁衍着众多的森林植被类型。群峰之间，随着海拔高度的增加，从山麓到山顶，依次分布着沟谷雨林、季风常绿阔叶林、常绿阔叶林等自然植被。鼎湖山自然保护区的植物种类非常多，在保护区内生长着2500多

种高等植物，约占广东植物总数的四分之一。其中，国家保护植物达22种，包括桫椤、紫荆木、土沉香等。鼎湖冬青、鼎湖钓樟等华南特有种和模式产地种更是多达30种。

鼎湖山自然保护区动物种类也很丰富，有兽类38种，爬行类20种，鸟类178种，昆虫已鉴定的有1100多种，其中蝶类就有85种，就地保护的国家保护动物近20种。

鼎湖山自然风景区不仅保护动植物资源，而且还是生物学研究的重要基地，为科学家提供广阔的舞台，产生一流的研究成果。同时，鼎湖山又是一个向广大公众充分展示科普知识的大平台。管理局多年来积极开展科普教育工作，每年都会开展各类科普宣传活动和举办科普专题讲座。

与环境有关的节日

20世纪七十年代以来，随着世界科技的进步和工业的发展，环境污染与生态破坏的问题日益严重。乱砍滥伐、涸泽而渔的不良发展方式，使得地球上其他物种数量锐减，人类逐渐成为了地球上的"孤家寡人"。人类赖以生存的家园不断被破坏，使人们清醒地认识到人类只有一个地球，环境保护也逐渐成为国际社会关注的重要问题。

为了提醒人们保护环境，方便向公众宣传环保知识，国际社会纷纷设立了各种与环境有关的节日，旨在通过这些节日，增加社会的关注度，改善我们人类赖以生存的环境。

国际生物多样性日

生物多样性是指地球上生物的所有形式、层次和联合体中生命的多样化，主要包括基因多样性、物种多样性和生态系统多样性等三个层次。生物多样性是地球生命经过几十亿年发展进化的结果，是人类赖以生存和持续发展的物质基础。它提供人类所有的食物和木材、纤维、油料、橡胶等重要的工业原料。

但是，目前世界上的物种正在以非常快的速度灭绝，现在的灭绝速度大约是自然灭绝速度的1000倍。而物种一旦消失，就不会再生。消失的物种不仅会使人类失去一种自然资源，还会通过生物链引起连锁反应，影响其他物种的生存，甚至造成生态平衡失调的严重后果。

造成生物多样性受到威胁的主要原因有几点：首先是工业化和城市化发展造成的污染；其次是大面积森林采伐、火烧以及草地超载过牧和开垦；第三是生物资源的过度利用和外来物种入侵等。

为了保护全球的生物多样性，1992年6月5日，在巴西当时的首都里约热内卢召开的联合国环境与发展大会上，153个国家签署了《生物多样性公约》，中国成为世界上首先批准《生物多样性公约》，并成立了生物多样性保护委员会的国家。1994年12月缔约国第一次会议在巴哈马召开，会议通过决议将每年的12月29日定为"国际生物多样性日"，以提高人们对保护生物多样性重要性的认识。2001年

5月17日，根据第55届联合国大会第201号决议，将国际生物
多样性日由每年的12月29日改为每年5月22日。

历年"国际生物多样性日"主题：

2001年：生物多样性与外来入侵物种管理

2002年：林业生物多样性

2003年：生物多样性和减贫——对可持续发展的挑战

2004年：生物多样性：全人类食物、水和健康的保障

2005年：生物多样性——变化世界的生命保障

2006年：保护干旱地区的生物多样性

2007年：生物多样性与气候变化

2008年：生物多样性与农业

2009年：外来入侵物种

2010年：生物多样性就是生命，生物多样性也是我们
的生命

2011年：森林生物多样性

世界环境日

1972年6月5日在瑞典首都斯德哥尔摩召开了《联合国
人类环境会议》，并于6月16日通过了具有划时代意义的
《人类环境宣言》，会议代表建议将每年的6月5日定为"世
界环境日"。在同年的10月，第27届联合国大会根据斯德哥
尔摩会议的建议，决定成立联合国环境规划署，并正式将6
月5日定为"世界环境日"。

世界环境日标志

世界环境日是联合国促进全球环境意识、提高政府对环境问题的注意并采取行动的主要媒介之一，同时也是向世界人民宣传环境保护的重要节日。世界环境日的意义在于提醒全世界注意地球状况和人类活动对环境的危害。

在每年的6月5日，联合国系统和各国政府都会开展各项活动来宣传与强调保护和改善人类环境的重要性。联合国环境规划署每年都会选择一个成员国举行"世界环境日"纪念活动，发表《环境现状的年度报告书》及表彰"全球500佳"，并根据当年的世界主要环境问题及环境热点，有针对性地制定每年的"世界环境日"主题，并举办一些有意义的主题活动。

历年"世界环境日"主题如下：

1974年：只有一个地球

1975年：人类居住

1976年：水，生命的重要源泉

1977年：关注臭氧层破坏、水土流失、土壤退化和滥伐森林

1978年：没有破坏的发展

1979年：为了儿童的未来——没有破坏的发展

1980年：新的十年，新的挑战——没有破坏的发展

1981年：保护地下水和人类食物链，防治有毒化学品污染

1982年：纪念斯德哥尔摩人类环境会议10周年——提高环保境识

1983年：管理和处置有害废弃物，防治酸雨破坏和提高能源利用率

1984年：沙漠化

1985年：青年、人口、环境

1986年：环境与和平

1987年：环境与居住

1988年：保护环境、持续发展、公众参与

1989年：警惕全球变暖

1990年：儿童与环境

1991年：气候变化——需要全球合作

1992年：只有一个地球——关心与共享

1993年：贫穷与环境——摆脱恶性循环

1994年：一个地球一个家庭

1995年：各国人民联合起来，创造更加美好的世界

1996年：我们的地球、居住地、家园

1997年：为了地球上的生命

1998年：为了地球的生命，拯救我们的海洋

1999年：拯救地球就是拯救未来

2000年：环境千年，行动起来

2001年：世间万物 生命之网

2002年：让地球充满生机

2003年：水——二十亿人生于它！二十亿人生命之所系！

2004年：海洋存亡，匹夫有责

2005年：营造绿色城市，呵护地球家园！

中国主题：人人参与 创建绿色家园

2006年：莫使旱地变为沙漠

中国主题：生态安全与环境友好型社会

2007年：冰川消融，后果堪忧

中国主题：污染减排与环境友好型社会

2008年：促进低碳经济

中国主题：绿色奥运与环境友好型社会

2009年：地球需要你：团结起来应对气候变化

中国主题：减少污染——行动起来

2010年：多样的物种，唯一的地球，共同的未来

中国主题：低碳减排·绿色生活

2011年：森林：大自然为您效劳

中国主题：共建生态文明，共享绿色未来

小知识链接

《人类环境宣言》

《人类环境宣言》是1972年6月16日联合国人类环

境会议全体会议在斯德哥尔摩通过的。它的全称是《联合国人类环境会议宣言》，又称《斯德哥尔摩宣言》，它的诞生具有划时代的意义，它是世界上第一个维护和改善环境的纲领性文件。宣言中阐明了与会国和国际组织所取得的七点共同看法和二十六项原则。

其中，七点共同看法的大意是：

1. 由于科学技术的迅速发展，人类能在空前规模上改造和利用环境。

2. 保护和改善人类环境是关系到全世界各国人民幸福和经济发展的重要问题；也是全世界各国人民的迫切希望和各国政府的责任。

3. 在现代，如果人类明智地改造环境，可以给各国人民带来利益和提高生活质量；如果使用不当，就会给人类和人类环境造成无法估量的损害。

4. 在发展中国家，环境问题大半是由于发展不足造成的，因此，必须致力于发展工作；在工业化的国家里，环境问题一般是同工业化和技术发展有关。

5. 人口的自然增长不断给保护环境带来一些问题，但采用适当的政策和措施，可以解决。

6. 我们在解决世界各地的行动时，必须更审慎地考虑它们对环境产生的后果。为现代人和子孙后代保护和改善人类环境，已成为人类一个紧迫的目标。

7. 为实现这一环境目标，要求人民和团体以及

企业和各级机关承担责任，大家平等地从事共同的努力。各级政府应承担最大的责任。

世界海洋日

海上石油的过量开采，海洋的过量捕捞，向海洋中大量排放污染物，使得一些脆弱的海洋生态系统和重要的渔场遭到破坏。人类赖以生存的海洋正在遭到严重的破坏。尤其是海洋温度升高和海平面上升及气候变化造成的海洋酸化，进一步对海洋生命、沿海和海岛社区及国家的经济造成威胁。

据调查，一次性薄膜塑料袋对海洋造成的影响尤其严重。塑料制品特别是塑料袋和聚酯瓶是最为常见的海洋垃圾，这些塑料垃圾被海洋生物所吞食，其有毒成份在有机生物体内不断积累，不仅威胁到这些生物本身，也有可能随之进入食物链，给人类的健康也造成了危害。

为了使人们进一步认识海洋对调节全球气候的能力，以采取切实措施保护海洋环境，维护健康的海洋生态系统，2008年12月5日第63届联合国大会通过第111号决议，决定自2009年起，每年的6月8日为"世界海洋日"。联合国会给每年的"世界海洋日"定一个主题，各个国家也会组织和策划一些与保护海洋有关的宣传活动，增强人们保护海洋的意识。

世界动物日

由于人类活动的影响，越来越多的动物濒临灭绝边缘。2008年9月，著名环保组织"世界自然保护联盟"公布的2007年濒危物种"红色名录"上显示，近500年来，全球已有785个已知物种灭绝，目前全球大约有四分之一的哺乳动物、三分之一的两栖动物、八分之一的鸟类正面临生存危机。其中像猿、河马、北极熊、海豚等常见动物都存在灭绝危机，全球动物物种的灭绝警钟再度敲响。

世界动物日源自19世纪意大利修道士圣·弗朗西斯的倡议。他长期生活在阿西西岛上的森林中，与动物建立了"兄弟姐妹"般的关系。他要求村民们在10月4日这天"向献爱心给人类的动物们致谢"。1931年，一群生态学家在意大利佛罗伦萨召开会议，正式提议设立"世界动物日"，并且选定每年的10月4日为"世界动物日"。

"世界动物日"的宗旨在于宣传饲养伴侣动物所带来的乐趣，让公众意识到动物对人类社会所做的贡献，同时促使各个动物保护组织齐心协力，推动人们以负责任的态度饲养伴侣动物。据说，在"世界动物日"这天，流浪在罗马街头的狗会暂时免遭城市管理部门的追捕，并可享受由屠宰商免费提供的肉骨头。

企业和各级机关承担责任，大家平等地从事共同的努力。各级政府应承担最大的责任。

世界海洋日

海上石油的过量开采，海洋的过量捕捞，向海洋中大量排放污染物，使得一些脆弱的海洋生态系统和重要的渔场遭到破坏。人类赖以生存的海洋正在遭到严重的破坏。尤其是海洋温度升高和海平面上升及气候变化造成的海洋酸化，进一步对海洋生命、沿海和海岛社区及国家的经济造成威胁。

据调查，一次性薄膜塑料袋对海洋造成的影响尤其严重。塑料制品特别是塑料袋和聚酯瓶是最为常见的海洋垃圾，这些塑料垃圾被海洋生物所吞食，其有毒成份在有机生物体内不断积累，不仅威胁到这些生物本身，也有可能随之进入食物链，给人类的健康也造成了危害。

为了使人们进一步认识海洋对调节全球气候的能力，以采取切实措施保护海洋环境，维护健康的海洋生态系统，2008年12月5日第63届联合国大会通过第111号决议，决定自2009年起，每年的6月8日为"世界海洋日"。联合国会给每年的"世界海洋日"定一个主题，各个国家也会组织和策划一些与保护海洋有关的宣传活动，增强人们保护海洋的意识。

小知识链接

世界上很多海洋国家和地区都有自己的海洋日，如欧盟的海洋日为5月20日，日本则将7月份的第三个星期一确定为"海之日"。

历年来"世界海洋日"主题：

2009年：我们的海洋，我们的责任

2010年：我们的海洋：机遇与挑战

2011年：我们的海洋，绿化我们的未来

世界防治荒漠化和干旱日

荒漠化是由于气候变化和人类不合理的经济活动等因素使干旱、半干旱和具有干旱灾害的半湿润地区的土地发生了退化。

1968年至1974年，非洲撒哈拉地区出现了特大干旱，干旱夺走了20万人和数百万头牲口的生命。这场旱灾持续时间之长、破坏之大，令世界震惊，引起了人们对荒漠化问题的极大关注。为此，联合国在1975年以3337号决议提出"向荒漠化进行斗争"的口号，并于1977年8月29日至9月9日在肯尼亚首都内罗毕召开荒漠化问题会议，制定了防治荒漠化的行动计划。

1992年6月，170多个国家代表参加了在巴西里约召开的环境与发展大会，在大会上荒漠化被列为国际社会优先采取行动的领域。之后，联合国通过了47/188号决议，成立了《联合国关于在发生严重干旱和/或荒漠化的国家特别是在非洲防治荒漠的公约》政府间谈判委员会。公约谈判从1993年5月开始，历经5次谈判，于1994年6月17日完成。1994年12月19日第49届联合国大会根据联大第二委员会（经济和财政）的建议，通过了49/115号决议，从1995年起把每年的6月17日定为"世界防治荒漠化和干旱日"，旨在进一步提高世界各国人民对防治荒漠化重要性的认识，唤起人们防治荒漠化的责任心和紧迫感。

世界清洁地球日

烟头在自然界停留的时间为1～5年，羊毛织物在自然界停留的时间为1～5年，尼龙织物在自然界停留的时间为30～40年，易拉罐在自然界停留的时间为80～100年，塑料在自然界停留的时间为100～200年，玻璃在自然界停留的时间为1000年。

亲爱的同学们，看到了这些数据你会想到什么呢？

1987年，澳洲人伊恩基南先生驾单人帆船环绕地球时，看到漂浮在海上的垃圾，他就想到了人类的污染物对环境的破坏太大了，他深深觉得要做一些事。回到悉尼后，他在朋友的帮助下于1989年发起了第一个"清洁悉尼港日"，这个活动中，他们召集了4000名志愿者清理废旧汽车、白色垃圾、玻璃瓶、烟头等。到后来，伊恩和他的委员会认为既然

一个城市可以行动起来，整个国家也行，于是发动全国人民一起动手，在1990年有30万志愿者参与了新一轮的清洁澳大利亚日。接下来，伊恩又把眼光放到全世界。在得到联合国环境规划署（UNEP）支持后，世界清洁日在1993年第一次举办。世界清洁日的时间定在9月的第三个周末，也有参与组织和个人把每年的9月14日作为活动时间。

世界清洁日现在已经成为了全球性社区活动，每年有超过130个国家，4000万人参与。活动的主要形式为清洁活动和宣传教育活动。在世界清洁日里，通常会有志愿者用一到两天的时间进行清扫活动，还会有像植树和建设生活垃圾处理设施之类的环保活动。另外，在这个重要的日子里，宣传也是一个重要的组成部分，一些环保组织会指导人们如何用积极正确的行为保护和改善环境。

国际臭氧层保护日

1974年，美国加利福尼亚大学的教授罗兰和穆连在南极发现地球表面的臭氧层出现了严重的空洞。在此之后，联合国环境规划署自1976年起陆续召开了各种国际会议，通过了一系列保护臭氧层的决议。尤其是在1985年，科学家发现南极上空的臭氧层明显变薄。1987年9月16日，全球46个国家的代表在美国纽约签署《关于消耗臭氧层物质的蒙特利尔议定书》，标志着各国对保护臭氧层的具体行动即将开始。根据《蒙特利尔议定书》的规定，各签约国分阶段

停止生产和使用氯氟烃制冷剂，发达国家要在1996年1月1日前停止生产和使用氯氟烃制冷剂，而其他所有国家都要在2010年1月1日前停止生产和使用氯氟烃制冷剂，现有设备和新设备都要改用无氯氟烃（CFCs）制冷剂。

为了纪念1987年9月16日签署的《关于消耗臭氧层物质的蒙特利尔议定书》，1995年1月23日，联合国大会通过决议，确定从1995年开始，每年的9月16日为"国际保护臭氧层日"。

每年的国际保护臭氧层日都会确定一个主题，并围绕这一主题展开一系列的活动，以促进社会对臭氧层的保护。

历年"国际保护臭氧层日"的主题：

1998年：为了地球上的生命，请购买有益于臭氧层的产品

1999年：保护天空，保护臭氧层

2000年：拯救我们的天空：保护你自己，保护臭氧层

2004年：拯救蓝天，保护臭氧层：善待我们共同拥有的星球

2005年：善待臭氧，安享阳光

2006年：保护臭氧层，拯救地球生命

2008年：全球携手，共享益处

2009年：全球参与，携手保护臭氧层

2010年：臭氧层保护：治理与合规处于最佳水平

2011年：淘汰氟氯烃：绝佳机会

世界动物日

由于人类活动的影响，越来越多的动物濒临灭绝边缘。2008年9月，著名环保组织"世界自然保护联盟"公布的2007年濒危物种"红色名录"上显示，近500年来，全球已有785个已知物种灭绝，目前全球大约有四分之一的哺乳动物、三分之一的两栖动物、八分之一的鸟类正面临生存危机。其中像猿、河马、北极熊、海豚等常见动物都存在灭绝危机，全球动物物种的灭绝警钟再度敲响。

世界动物日源自19世纪意大利修道士圣·弗朗西斯的倡议。他长期生活在阿西西岛上的森林中，与动物建立了"兄弟姐妹"般的关系。他要求村民们在10月4日这天"向献爱心给人类的动物们致谢"。1931年，一群生态学家在意大利佛罗伦萨召开会议，正式提议设立"世界动物日"，并且选定每年的10月4日为"世界动物日"。

"世界动物日"的宗旨在于宣传饲养伴侣动物所带来的乐趣，让公众意识到动物对人类社会所做的贡献，同时促使各个动物保护组织齐心协力，推动人们以负责任的态度饲养伴侣动物。据说，在"世界动物日"这天，流浪在罗马街头的狗会暂时免遭城市管理部门的追捕，并可享受由屠宰商免费提供的肉骨头。

图书在版编目（CIP）数据

和谐的家园/姚宝骏，郭启祥主编．－南昌：百花洲文艺出版社，2012.2
（自然科学新启发丛书）
ISBN 978-7-5500-0313-2

Ⅰ．①和… Ⅱ．①姚…②郭… Ⅲ．①生物学－青年读物
②生物学－少年读物 Ⅳ．①Q-49

中国版本图书馆CIP数据核字（2012）第029987号

和谐的家园

主　　编　姚宝骏　郭启祥

本册主编　郭启祥

出 版 人　姚雪雪
责任编辑　毛军英　程诗颖
美术编辑　彭　威
制　　作　马　赟
出版发行　百花洲文艺出版社
社　　址　南昌市红谷滩新区世贸路898号博能中心A座20楼
邮　　编　330008
经　　销　全国新华书店
印　　刷　江西金瑞彩印有限公司
开　　本　787mm×1092mm　1/16　印张　11
版　　次　2012年3月第1版第1次印刷
　　　　　2013年4月第1版第2次印刷
　　　　　2016年6月第1版第3次印刷
字　　数　120千字
书　　号　ISBN 978-7-5500-0313-2
定　　价　18.70元

赣版权登字 －05－2012－30

邮购联系　0791-86894736
网　　址　http://www.bhzwy.com
图书若有印装错误，影响阅读，可向承印厂联系调换。